本书由江西省教育厅教学改革重点项目（地方涉农高校耕读教
实施路径探索，课题编号JXJG-21-15-2）资助出版。

U0634370

地方涉农
高校耕读教育
价值内涵与体系建构研究

周明元◎著

江西高校出版社
JIANGXI UNIVERSITIES AND COLLEGES PRESS

图书在版编目(C I P)数据

地方涉农高校耕读教育价值内涵与体系建构研究/
周明元著.--南昌:江西高校出版社,2023.12(2025.1重印)
ISBN 978-7-5762-4362-8

Ⅰ.①地⋯ Ⅱ.①周⋯ Ⅲ.①地方高校—农业
教育—教育研究—中国 Ⅳ.①S-4

中国国家版本馆 CIP 数据核字(2023)第 227162 号

出 版 发 行	江西高校出版社
社 址	江西省南昌市洪都北大道 96 号
总编室电话	(0791)88504319
销 售 电 话	(0791)88522516
网 址	www.juacp.com
印 刷	三河市京兰印务有限公司
经 销	全国新华书店
开 本	700mm×1000mm 1/16
印 张	12.75
字 数	205 千字
版 次	2023 年 12 月第 1 版
	2025 年 1 月第 2 次印刷
书 号	ISBN 978-7-5762-4362-8
定 价	68.00 元

赣版权登字 -07-2023-833

在过去的数千年里,人类社会的发展与农业息息相关。农业作为人类最古老的生产方式,不仅为人们提供了粮食来源,还塑造了一种深厚的文化传统和社会价值体系。对于人类来说,农业不仅是一种经济活动,更是一种文化和社会结构的载体。自新石器时代人类开始定居和耕作以来,农业就与人们的生活紧密相连。无论是东方的稻田耕作还是西方的麦田耕种,农业都曾创造了一种共同的人类文化遗产。它不仅滋养了人体,还滋养了人类的精神世界,构建了一种和谐的人与自然相处的模式。

然而,在现代工业化和信息化的进程中,古老的农耕文明逐渐被边缘化。大规模的机械化生产、城市化进程以及全球化的经济交流使得农业逐渐失去了核心地位。许多传统农耕技艺和乡村文化正在逐渐消失,农民也面临着种种压力和挑战。在这样的背景下,地方涉农高校的耕读教育显得尤为重要。耕读教育作为一种人才培养模式,将农耕与教育有机结合,既继承了古代农耕文化的精髓,又融入了现代教育理念。它关注农村的现实问题,追求教育的实用与人文精神,致力于培养既懂农业技术,又具备人文素养的复合型人才。

本书力图深入探讨耕读教育这一主题,从多个层面揭示其价值和挑战。我们将从历史、文化、社会、教育等方面入手,展现耕读教育的全貌。同时,我们也将关注地方涉农高校的实际情况,分享一些成功的教育实践,为当前农业教育的创新提供借鉴。本书的目的不仅是理论探索,更是实践引导。我们希望通过对耕读教育的深入分析,促进地方涉农高校的教育改革,推动农业教育与现代农业的整合,为乡村振兴、社会进步和人类文明的持续发展添砖加瓦。

第一章,我们将追溯耕读教育的历史渊源,从其孕育、成长到消解、重生与复兴,全面展现耕读文化的发展历程。耕读教育的概念可以追溯到古代中国。它结合了农业劳动与文化教育,强调人们在从事农业生产的同时,也应追求精神文化的提升。这一部分,我们将详细介绍耕读教育的历史背景、演变过程及其在不同时代的实践和理论基础。进入现代社会,随着工业化、城市化的推进,耕读教育逐渐被忽略。但在新时代背景下,其又有了新的活力与意义。我们将探索如何在地方涉农高校中重新挖掘和运用耕读教育,结合现代教育理念,培养具有创新精神和实践能力的农业人才。

第二章,我们将深入探究耕读文化的精神内涵与价值传承,包括个体价值、家庭价值、社会价值等方面,展示耕读教育对现代社会的积极影响。耕读文化不仅关注物质层面的生产与供给,还关注人的全面发展。我们将深入剖析耕读教育如何促进个体的道德修养、职业素养和生活能力的提高。耕读教育还涉及社会和谐、家庭伦理、乡村社区的建设等多方面的内容。我们将分析耕读教育如何对社会的稳定和进步做出贡献,从而揭示其深远的社会价值。

第三章,我们将着眼于耕读文化在新时代的追求,分析乡村振兴战略、农业现代化等背景下的新需求和方向。新时代对农业的需求不再局限于粮食生产,更关注农业的可持续发展、生态保护、乡村振兴等课题。本部分将分析新时代背景下耕读文化的新任务和新挑战。

第四章,我们将结合乡村振兴,对耕读教育与现代农业、农村人才培养、乡村组织、文化振兴、生态振兴等的关系展开探讨。我们将分析如何通过地方涉农高校,实现耕读教育与现代农业的整合,提升农业的科技水平和生产效率;详细介绍耕读教育如何助力农村人才培养和乡村振兴,实现现代农业与乡村社区的和谐发展。

第五章,我们将详细描述耕读教育体系的构建与实施,着重分析人才培养模式、课程体系、师资建设等关键环节。从人才培养模式、课程体系、师资建设、实践基地建设等方面,我们将深入探讨如何构建符合现代要求的耕读教育体系,以确保其在地方涉农高校的有效实施。

第六章,我们将从理论与现实两个层面,探讨耕读教育与劳动教育的关联,提出对现今劳动教育缺失的补充方案。

耕读教育作为一种独特的教育模式,不仅是古代智慧的传承,更是现代农业教育的创新实践。它关乎人与自然的和谐相处,关乎农村与城市的均衡发展,关乎文化传承与创新。通过本书,我们希望能引起社会各界对耕读教育的关注和思考,促使更多的教育工作者、政策制定者、学者和普通读者共同参与到这一历史与现代相结合的教育实践中来。

在本书的编写过程中,特别感谢宜春学院科研处处长、生命科学与资源环境学院教授卢其能和生命科学与资源环境学院副教授陈云风,他们参与了多个章节的编写与审校。另外,课题组成员丁永电教授、郭冬生教授进行了审校和修订,周国华博士、教务处赵娟副处长具体参与了部分章节的编写,在此一并感谢。

目 录
CONTENTS

第一章　耕读教育的历史渊源

"耕读"一词，"耕"是指耕作、农耕等农业生产活动，进一步引申，可以理解为谋生、求道的过程；而"读"是指阅读、诵读等学习过程，引申后可以理解为修身立德、创作研究的过程。耕和读都是劳作过程，耕消耗体力，给未来的生活打下基础；读消耗精神，为精神升华埋下种子，两者之间内化统一。耕读智慧古已有之，古代劳动人民认为耕田是保障物质生活的基础，同时能够引导人民培养勤劳俭朴、勇毅刚强的性格特点，读书则是提升精神境界的途径。石成金所著《传家宝全集》中记载："若不读书，何以立身行道，显亲扬名？若不耕田，何以仰事父母？何以俯畜妻子？"

古代中国以小农经济为主，国家基础在于男耕女织、自给自足，但国家权力机构和乡村之间距离较远，因此农户家庭和国家权力之间往往存在一定的背离感。不过只要农民愿意在固定的土地上耕地劳作，就不会出现大量游民影响社会稳定，因此政府制定了一系列政策将农民束缚在土地上。这也是耕读传家思想的来源之一。

中国传统社会中阶级流动较差，普通人想要提高社会地位，科举是主要方式之一，通过读书考取功名，"学而优则仕"成为普通人打破阶级限制的精神寄托。儒家文化是中国封建社会背景下的指导思想之一，儒家义化传统和耕读文化之间存在密不可分的关系。从孔子开始，儒家学者始终坚持社会贫富差异不应当过于悬殊，应当"均平"。汉朝以来儒家文化走进乡村邻里，受到农民普遍拥护，耕读传家思想逐渐成形。随后书院、义学、乡学建设数量增加，范围覆盖乡村，农民直接接触到儒家经书，农民对耕读思想的认同度进一步提升。耕读文化背景下，读书人将科举出仕作为理想追求，推动了科举制度的发展，而科举制度的兴盛又为耕读文化的发展提供基础。

第一节　耕读文化的孕育

耕读，顾名思义，涵盖农业和文化两方面，古代农业发展孕育了"耕"，学堂式教育则是"读"的开始。作为农业发展最早的国家之一，我国农耕文化源远流长，经考古材料证实，一万多年以前尚处于新石器时代时，我国古代劳动人民就已经开始使用作物种子培育植物以供饱腹，如河南临汝考古出土的碳化小米、湖南道县玉蟾岩遗址出土的水稻作物等都证实了这一点。

自伏羲之后，神农被认为奠定了农耕文化根基，开创了农业文明。而后数千年间，人们不断丰富完善农耕方式，精耕细作的传统农业逐渐取代了刀耕火种的原始农业，并逐渐成为祖先获取生活资料的主要来源。北魏贾思勰所著《齐民要术》、西汉末年氾胜之所著《氾胜之书》分别记载了两个历史时间点上古代劳动人民的主要耕作思想，除此之外，还有"二十四节气歌""七十二候"等物候历法，也反映了古代劳动人民遵循天时地利耕作的智慧。

耕读中的"读"则源自文字。《淮南子·本经训》中记载："昔者仓颉作书，而天雨粟，鬼夜哭。"《吕氏春秋·君守》中记载："奚仲作车，仓颉作书。"自仓颉造字之后，人们开始使用文字记录思想，甲刻文、甲骨文等早期文字出现，自此古代先贤能够更加深刻地记录发生的事件，将思想传于后人，农耕文化开始逐渐成形。

学校的诞生孕育了耕读教育。中国学校最初出现时被称为"成均"，最早记录于《礼记·王世子》中，董仲舒引注时注释"成均，五帝之学"。

周朝时期，学校教育体系从仅面向达官显贵后代进一步拓展，乡学出现并迅速拓宽覆盖范围。《困学纪闻·孟子》中描述道："岁事既毕，余子皆入学。十五入小学，十八入大学。"耕读教育的雏形也正是形成于这一时期。到了春秋战国时期，随分封制发展，阶层流动可能性有所增加，文化结构向下偏移，各种基础学校教学覆盖到普通家庭当中，耕读相兼出现。同时，在这一时期，各阶层普遍关注的话题"士人仕与不仕"成为社会层面共同探讨的关键问题，对这一问题的反复探讨也促进了耕读文化的形成与发展。孔子曾经提出"君子"不应务农，但孔子的学生中，曾参父子、颜回等人也都是耕读名士。

这一时期人们对于躬耕行为的认知存在较大差异,不同学派对于耕读的态度差别极大。《论语·子路》中记载:"樊迟请学稼。子曰:'吾不如老农。'请学为圃。曰:'吾不如老圃。'樊迟出,子曰:'小人哉,樊须也!'"这一篇记录了樊迟想要向孔子学习躬耕技艺,而孔子对樊迟抱着不以为意的态度。孔子这里之所以会批评樊迟,还需要结合孔子履历来看。《史记·孔子世家》中记录了孔子的成长经历,他曾为"司职吏",而这一岗位是"苑囿之吏",和农事息息相关。《论语·微子》记载了孔子拜访隐士,隐士觉得孔子"四体不勤,五谷不分",但孔子依然对隐士保持了足够的尊敬并登门拜访,可见孔子并未看低从事农耕的隐士,并承认自己在耕作方面"不如老农"。那么,曾经在农事方面有一番建业的孔子为什么会批评想要学习农事的樊迟呢?《论语·宪问》中记载:"南宫适问于孔子曰:'羿善射,奡荡舟,俱不得其死然。禹稷躬稼而有天下。'夫子不答。南宫适出。子曰:'君子哉若人!尚德哉若人!'"从这里可以看出,孔子认为大禹、后稷躬耕是为天下做典范,不是局限于部分田地的农事,而樊迟作为七十二贤弟子之一,所问的却是局限于一家一户的耕种技巧,因此不回答这一问题。孟子对于耕读的观念和孔子一脉相承。《孟子·万章》中记载:"禄足以代其耕也。"孟子认为不同行业需要由精通不同行业的人做事,自己也不能事事亲为。

以孔子、孟子为代表的先秦儒家对于耕读的认识相对一致,都不希望仕事之人参与躬耕,他们并非不重视农业,而是认为耕读不能相兼,认为士人耕读会分散精力,只有一门心思治学谋道才能渐行渐远。

战国时期,农家学派的流行为耕读文化的形成提供了浓厚氛围,此时开始有士人主张耕读相兼。农家学派的代表人物许行在滕国领受土地后一边自耕自食,一边招收学生教授耕种和文化,他主张每个人都应当自食其力,自耕自食。这一时期孟子也在滕国,但两人思想观念不合,经常就"劳心者治人,劳力者治于人"等问题展开辩论。随着时间的推移,旧贵族阶层破裂,士农阶层开始逐渐流动。部分士人出身寒微,暂时没落,但家庭经济条件良好或者家庭为仕族的士人,依旧具有良好的文化底蕴、经济基础,和常人不同。面对没落后要么再次出仕要么参与农耕自给自足的选择,很多人"不知稼穑之艰难",对农事一窍不通,其中部分士人家庭保留田产,直接参与到农事当中,开始了耕读实践。苏秦发迹后曾说:"且使我有洛阳负郭田二顷,吾岂能佩六国相印乎!"类似发言都说明了这一时期士子对耕读的态度。

秦朝是中国历史上一个特殊的朝代,虽然存在时间不长,但统一六国,统一度量衡,其中"书同文"对耕读文化的发展产生了重要推动作用。

汉朝时期,由于统治者格外重视农耕产业,还有部分农户在读书积累学识后被任用为朝臣的情况,掀起耕读热潮,耕读文化得到快速发展。《后汉书·光武帝纪》中有记录:"性勤于稼穑,而兄伯升好侠养士,常非笑光武事田业,比之高祖兄仲。"东汉到魏晋南北朝时期,全国各地战火纷飞,很多名士选择隐居山野,躬耕读书,诸葛亮就是其中代表。《三国志·诸葛亮传》中记载:"亮躬耕陇亩,好为《梁父吟》。"

这一时期,耕读文化逐渐孕育成形,有士子认为耕作并非仅仅是体力劳动,同时也是获得"道"和"理"的源泉。《法言·学行》中就有记载:"耕道而得道,猎德而得德。"经学家郑玄主张耕读相兼,一边耕田劳作自给自足,一边钻研经文招收学徒。《后汉书》中记载了袁闳对耕读的践行:"服阕,累征聘举召,皆不应。居处庂陋,以耕学为业。"可以看出此时已经有士子将耕作和读书视为同等地位。

到了魏晋南北朝时期,耕读文化的传承者数量进一步增加。唐代章仔钧的《章氏家训》有训"传家两字,曰耕与读",提出后辈应当耕读兼具,并在劳动和学习过程中实现知行合一。西晋时期,有徐苗"少家贫,昼执锄耒,夜则吟诵",郗鉴"少孤贫,博览经籍,躬耕陇亩"。东晋时期,耕读文化则以陶渊明为代表。陶渊明入仕之前,家庭贫困,通过耕种劳作勉强自给自足,后来"畴昔苦长饥,投耒去学仕"。他入仕之后,又因当时晋朝官场黑暗而难以融入其间,辞官回乡后"逃禄而归耕",继续耕读生活。直到老年,陶渊明"朝为灌园,夕偃蓬庐",一直未曾放弃耕读。

这一时期耕读士子通常包含两种:一种是家庭贫困,只能通过农事自给自足维持生活,但他们和农民之间存在一些区别,他们耕读相兼并最终发迹;另一种则是隐居山林之间的隐士,仕途不顺,或者难以融入官场,选择了耕读的他们不为五斗米折腰,这样的耕读更侧重于一种陶冶性情、磨炼道德的生活方式。但此时的耕读文化尚不完全,影响力也未达顶峰,直到隋唐时期,耕读文化才真正盛行起来。

第二节　耕读文化的成长

隋唐时期乃至宋朝，科举制的出现极大地促进了耕读文化的发展，很多寒门学子都会一边耕种劳作，一边读书考科举，耕读相兼成为寒门子弟的主要原则。在此之前，官吏选取制度为九品中正制，虽然也存在耕读，但参与耕读者以寒门士人、没落贵族为主，很少有真正意义上的农民。而隋唐时期科举制度发展，阶级流动性大幅度提升，耕读相兼的生活模式成为普遍现象。《唐摭言》中记载："三百年来，科第之设，草泽望之起家，簪绂望之继世。孤寒失之，其族馁矣；世禄失之，其族绝矣。"

隋朝初期，科举制度的设置杜绝了传统官场中门阀贵族把持官位的问题，寒门子弟进入官场的机会大幅度增加。此时人们在耕作之余，可以通过读书提高自身知识水平，获得进入官场的机会。百姓们纷纷积极参与到耕读当中，寒门子弟也积极通过科举考试获得功名，实现家族强盛。

唐朝时期，虽然士族依旧在官场中占据优势，但也有一些寒门读书人通过中举入仕的案例。理论上说，此时的寒门学子无论家庭境况如何，都可以通过科举考试实现出仕，甚至光宗耀祖。但由于"行卷"等问题存在，科举最终录取不仅仅以成绩为准，同时还包含个人声望、社会关系和家庭背景等多重因素，寒门中人中举的可能性较小。《云麓漫钞》中记载："唐之举人，先藉当世显人，以姓名达之主司，然后以所业投献，逾数日又投，谓之温卷。"科举考试之前，家境显赫的学子首先会装裱自己的得意之作，并寄给文坛大家、地方大员过目，这些人都能直接联系到主考官，如果没有回复则还要再投一次，这一风气称为"温卷"。唐朝时期的科举考试没有"糊卷"措施，主考官可以直接看到哪一张考卷属于哪一名学生，因此"行卷"的做法就成为科举制的附加考题，只有做好"行卷"才能考取高分。在这一时期，科举录取出口狭窄，应试的寒门学子大多数名落孙山。参与科举考试需要消耗大量费用，虽然朝廷设置了官方资助，民间也存在一些个人资助，但这些资助以形式为主，真正利好寒门学子的资助极少。寒门学子日常生活的支出可以通过耕读，自给自足，但赶考时需要花费大量金钱，孟郊的诗句中就体现了这一点：

"本望文字达,今因文字穷。"因此,唐朝的寒门学子虽然也有参与耕读,但因经济困难,耕读文化的进一步发扬还存在一些问题。

宋朝科举制度更加倾向于劝农劝读,以"取士不问家世"为纲,使得人们更加认同耕读文化。宋仁宗对科举政策做出三点调整,进一步刺激了寒门学子耕读入仕的积极性:一是在全国各地设置各种不同类别的学校,并规定士子应试需在本乡进行;二是规定各科进士榜配额,为南方各个省份设置额外配额;三是要求从事工商业者及其子弟不得参加科举考试,仅允许士、农家庭子弟参与科举。南宋时期设置的"贡士庄"缓解了寒门学子经济困难问题,官府统一购置大片土地并出租,田租即可解决资助经费问题。各种经济资助成为常态,寒门学子更加愿意通过耕读的方式提高学识,赶考入仕。宋朝时期出身贫寒的高级官员占比显著提升,所引发的示范作用也进一步促进了寒门学子参与科举的积极性。宋朝时期各项关于科举制度的改革对农耕文化的成长产生了至关重要的作用,这些政策的设置为乡学、私学的发展注入了全新活力。寒门子弟看到了科举出仕的可能,纷纷参与到耕读活动中来,推动了耕读文化的成长成熟。

第三节　耕读文化的成熟

明朝时期,耕读传家思想在宗族制、科举制背景下得到进一步发展。在这一时期,国家政权稳定,张居正推行"一条鞭法",将徭役、田赋和杂征汇集为一条,农民按亩缴纳税务,同时皇帝为进一步控制民众思想,提高专制水平,大力推行儒学、程朱理学,在全国各地建设大量书院。这一时期,全国各地书院总数量超过1200所,同时乡村区域还存在大量社学、义学和私塾等教育机构,选择读书的农村人口数量进一步增加。这时耕读文化的传播已经达到繁荣水平,各种和耕读有关的描述层出不穷,例如传承于明代初期的"天下第一村",传家箴言是"耕读继世,孝友传家"。

到了清代,康熙提出"摊丁入亩",将丁税直接平摊入田地赋税,废除自汉唐时代即始终推行的人头税,土地兼并矛盾得到进一步缓和,耕作为生的农民生活压力降低,农业生产注入全新活力。书院数量进一步增加,达到

2000 所以上，耕读文化的发展达到全新境地。康熙帝文治武功并重，同时自己在丰泽园开垦一块地并培育了水稻新品种"御稻米"。康熙、乾隆、雍正三代皇帝在位期间都让画师绘制耕织图并配上诗文，为农耕教育的开展奠定基础。雍正皇帝在位期间多次举行亲耕礼，并号召各地设置农坛，让官员亲耕，提高了耕读文化的影响力。清朝末年，曾国藩被作为耕读传家的典范。曾国藩的家族一直以耕读为荣，其先辈有秀才、举人。曾国藩是家族中出的第一位进士，入朝后迅速发迹，但为官后依旧保持勤俭节约的风格。晚清时期，曾国藩将"书蔬鱼猪早扫考宝"写入家书，提倡家庭成员保持耕读习惯，传承家风。

从古代到近现代，中国经济体制为小农经济，耕读模式的应用在保障家族繁荣、社会稳定的同时，也为个人提供了上升空间。乡土社会背景下，农耕教育包含私学教育、日常生活和农耕劳动三部分，其中私学教育属于长期持续的过程，并在漫长的时间里逐渐发展为"耕读相兼""传宗接代"的思想体系。这一思想体系和乡村文化的发展相辅相成，并在社会背景影响下逐渐突出了耕读的重要性。耕读教育帮助劳动人民增加了对季节变换、时节迁移的了解，强化了劳动人民对土地的依赖，这也是中国优秀传统文化逐渐形成的根源。

中国古代，农民群体"合四时而劳作"，晴天劳作阴天读书，白天耕种夜间学习，"朝为田舍郎，暮登天子堂"。在这样"学而优则仕"的思想引领下，农村居民的主要生活目标就是在耕种之余学习知识，考取功名，通过耕作获得生活所需的物质条件，通过求学问道提高自身知识素养并为个人发展奠定基础。虽然封建社会背景下的耕读文化是基于这样的模式孕育成形的，但随着耕读文化的成长和发展，其极大地促进了社会层面的教育，为社会阶级流动提供可能性。"忠厚传家久，诗书继世长"不仅是社会个体忠于国家的体现，同时反映出古代劳动人民勇于担当、自强不息的精神。在这些精神的影响下，世代耕读的书香世家和耕读文化相辅相成，强化了家族成员对家族的依赖、社会成员对社会的认同感，促进了家族稳定、社会安定。耕读文化精神在家族延续、社会变迁中不断传承发扬，促使中华传统文化得以代代相传、经久不衰。

第四节　耕读文化的消解

清朝末期,科举制度废除后,农耕行业从业者地位快速降低,导致耕读文化逐渐消解。1905 年清朝举办了最后一次科举考试,至此曾在中国延续了 1300 年的科举制度正式成为历史。随后清政府推行新学制,用新式学堂取代义学、社学和私塾等传统学堂。但由于新式学堂建立在城镇区域,教育资源也集中于新式学堂,乡村学生接受教育的机会较少,或者因需要接受教育而涌入城镇、走向海外,此时耕读文化逐渐受到负面影响。鸦片战争后,清政府调整治国方针,不再"重农抑商",中国长期以来的小农经济体系瓦解,一些农民为谋求生计前往城镇务工求职,负责乡村治理的乡绅乡贤也开始向城市流动。战乱爆发,大量农业工作者背井离乡,农村土地出现大量闲置、撂荒。

清朝晚期,旧统治阶级和西方交往时屡屡不利,而后出现的多次帝国主义侵略战争对中国的文化、经济、军事等多个方面产生了负面影响,一方面导致巨大的物质损失,对经济发展、社会稳定产生深远影响,另一方面对国民整体精神造成沉重伤害。作为历史悠久的大国,沦为半殖民地半封建社会,人民备受屈辱,深感痛苦愤懑。长期以来中国都是东亚儒家文化的核心所在,数千年来,在中国人的思想观念中,中国的地位都是天下领袖,而这样的观念在近代科技和资本主义商业文明的冲击下很快支离破碎,经受一系列现实挫折打击后,民族自信开始弱化。二战期间,这种问题在越南、朝鲜等受儒家文化影响的东南亚国家中均有所体现,而作为儒家文化的发源地,中国的迷茫、反思乃至于痛苦毫无疑问是最强烈的。

作为历史悠久的国家,中国文化始终具有自我革新、坚韧顽强、与时俱进的特性,也正是如此,清王朝在 1840 年左右开始系统性学习西方的经济、科技和军事等方面,同时民间有识之士也或主动或被动地接触西方、了解西方、学习西方。到了民国时期,对西方的学习已经成为很自然的事情。经历了晚清时期向西方学习以"中学为体、西学为用"的模式,伴随清帝退位、甲午战争失败,此时社会各界学习西方时更加侧重改良政治体制,创新思想,发展经济。在这样的学习过程中,教育的改良是最明显的方式之一,各界知识精英均达成共识——要教育救国,改善教育模式,培养人才。

教育救国背景下,黄炎培、陶行知、晏阳初、梁漱溟等人思考较深、用力较勤,都获得了十分瞩目的成果。他们虽然学术背景不同,成长经历也不尽相同,但最终都形成了富有特色的教育救国思想体系。在他们的教育理念中,传承耕读文化的劳动教育始终占据重要地位,他们的教育实践也一直以各种方式加以实践。

(一)黄炎培的教育思想

著名爱国主义者、民主主义教育家黄炎培(1878—1965)出生于一个乡村知识分子家庭。21岁那年,黄炎培以松江府第一名的成绩考中秀才,并在两年后考入上海南洋公学首届特班,随后经蔡元培介绍加入中华同盟会。他将一生致力于吸取西方教育经验,办好中国新教育,先后创办震修学堂、职业教育研究会、中华职业教育社、中华职业学校等。

黄炎培历经晚清时期、民国时期、新中国时期多个历史阶段,在不同时期均细致分析了国内外教育体系。他早年作为学生在旧时私塾中学习,成年后很快亲自参与不同级别学校的建立和运行中,在民间教育机构、政府教育机构中均有任职,对中国教育有深入的认识。黄炎培主张积极引入西方相对先进的教育制度,并结合实践,创办多所新式学校开展教育,推动了中国教育的转型发展。他建立了中国最早的职业教育思想体系,参与建设的中华教育文化基金会等组织对中国教育事业的发展产生了长远影响。

民国初期,中国教育界对理工学科和实验科学重视不足,存在严重的"手脑分离"问题。黄炎培先生对这一问题总结较多,比如"想和做联系不起来""理论与事实缺乏联系"。为解决这一系列问题,黄炎培不断发掘教书育人和劳动之间的关系,提倡"要使读书的动手,动手的读书"。在他的办学实践中也充分体现了这一点,他深入考察分析了日本、欧美等国家教育体系中体育课程、科学课程、手工课程的设置和开展,并总结了劳动和教育之间的三类关联:第一,劳动课程的设置能够帮助学生强化专注力,培养钻研精神;第二,劳动课程的设置能够引导学生手脑并用,促进大脑发育,强化教育效果;第三,劳动能够祛除虚荣、骄傲。明确这三点后,黄炎培结合思考和研究,通过实用主义教育解决传统教育存在的弊病,并以职业教育为突破口,将劳动和教育进行有机联系,提出了一系列前瞻性较强的教育观点。

黄炎培在《学校教育采用实用主义之商榷》中提出"打破平面的教育,而为立体的教育",并不断宣扬实用主义的应用价值,在陶行知、胡适等人的相互支持下极大地促进了当时教育学界的发展。同时,黄炎培在自身教育工作实践中也不断融入实用主义观点,办学时他认为"办职业教育,万不可专靠想,专靠说,专靠写",而是将实际应用效果作为衡量标准,让学生积极参与到劳动当中去,通过劳动的效果评价学习效果。在中华职校教育实践中,黄炎培规定学生在入学时首先要签订誓约书,第一条就是要尊重劳动,将所有清扫、接待工作都划归学生自己负责。在此之前,学校的清洁任务通常由专门人员负责。黄炎培认为传统教育工作中存在一些严重误区,他认为当时很多学生对于劳动和自尊的关系存在混淆,并提出尊重劳动也是自尊的一个方面。传统文化背景下,人们在儒家礼教文化影响下,很容易对体力劳动产生轻视心理。这一问题的起因在于社会传统文化背景,而黄炎培的实用主义、劳动教育很大程度上缓解了这一问题,并提出了个人能力决定个人价值的新颖观念。这些更加公平、符合时代特点的思想观念在黄炎培等人的推动下逐渐成为社会主流话语。

(二)陶行知的教育思想

著名思想家、教育家陶行知(1891—1946)出生于贫穷的教师家庭中,在7岁时进入私塾蒙学,而后考入当地崇一学堂,又升入杭州广济医学堂学习。学习期间,校方强行干预学生的宗教信仰,陶行知对其强烈不满而后退学,又考入金陵汇文书院学习。大学学习期间正值辛亥革命,陶行知响应号召,在学校期间积极参与爱国活动并创建《金陵光》学报。1914年陶行知大学毕业并赴美留学,在伊利诺斯大学获取文科硕士学位后又进入当时全世界教育学最高殿堂哥伦比亚大学学习;1917年回国后和黄炎培等人共同发起中华教育改进社,先后在国立东南大学、南京高等师范大学任教授、教务主任等,而后积极推广平民教育活动,并建立一系列平民学校、平民识字读书处。后来陶行知被国民党通缉,流亡日本数月,回国后在上海又创办了儿童科学通讯学校、山海工学团等教育机构。抗战爆发后,陶行知和宋庆龄、李公仆等人发起组织"上海文化界救国会",出访欧、美、亚、非地区国家共28个,其间宣传中国大众教育活动并宣扬抗日救国活动。1945年抗日战争结束,陶行知当选中国民主同盟中央常委兼教育委员会主任委员,1946年因长期疲劳过度突发脑出血,逝世于上海。陶行知的教育工作始终围绕救国救民展开,在教育实践中积极将西方先进教育思想和中国实际情况灵活检核,并不断探寻中国教育领域的发展前景,大幅度促进了中国近代教育工作的发展。

南京办学期间,陶行知积极引进西方先进教育经验,并试行了大量教育改革,几乎和北大同一时间开始招收女学生,同时开办暑期学校,起草"中国新学制",推动教育制度发展完善。

功能心理学奠基人、实用主义代表人物之一、著名心理学家、哲学家、教育学家约翰·杜威的"教育即生活"学说对20世纪的中国教育界产生了深远影响。陶行知在这一学说的基础上积极结合中国的现状、当时教育的弊病,提出"生活即学校,教学做合一"的理论,兼顾了中国教育当时发展情况和社会经济环境,将教育和生产之间进行紧密结合,为当时尚缺乏基础教育的劳动大众创造了用于改造世界的工具,极大提升了实用主义教育理念在中国当时社会环境下的实用性。

归国继续开展教育工作后,陶行知将"手脑相长"的理念作为教育工作开展的关键点之一。这一阶段,他说"中国有两种病。一种是'软手软脚病',一种是'笨头笨脑病'",认为社会教育体系的文化根源在于传统文化的影响,而通过教育工作可以解决这类问题,倡导通过劳动教育强化学生的劳动意识,培养学生对劳动工作的尊重,并引导学生培养积极正确的价值观念。为强调"做"的重要性,他将自己的名字由"知行"改为"行知",将学校图书馆改名为"书呆子莫来馆",大礼堂更名"犁宫"并题"和马牛羊鸡犬豕做朋友,对稻粱菽麦黍稷下功夫"。开展教育时,陶行知还经常要求学生穿草鞋,施肥、修路、垦荒……一系列措施均引导学生将精力转移到动手实践上,"在劳力上劳心"。

(三)晏阳初的教育思想

近代乡村建设奠基人之一、著名教育学家晏阳初(1890—1990),被誉为世界平民教育之父。幼年时期晏阳初跟随身为私塾先生的父亲接受蒙学教育,随后进入基督传教士学堂中学习,而后先后在华美高等学校、香港圣保罗学校、耶鲁大学学习,学习模式以西式教育模式为主。本科毕业后,晏阳初跟随耶鲁大学学生海外传教志愿团一同前往欧洲战场并帮助华人员工识字。欧洲志愿活动结束后晏阳初在美国普林斯顿大学完成硕士学业,而后放弃深造机会,将精力集中投入到平民教育中。

回到中国后,晏阳初在长沙试点开展平民教育,效果卓著,而后在曲阜、南京、烟台、杭州等地进一步推广普及平民教育,并在北平和陶行知等人共同发起成立中华平民教育促进总会。1926年,晏阳初深刻感受到中国传统教育模式中的弊病,并结合自身思考,在乡村改造活动中加入教育元素。后来抗战爆发,教促会迁移,晏阳初等人又在华西区进行教育实践,但教育效果不佳。1950年之后,晏阳初又前往印度尼西亚、巴基斯坦、印度、南美等地区进行考察,尝试性建设国际乡村改造学院,尝试通过乡村改造的方式推广平民教育。

晏阳初毕生投身于平民教育工作中,总结中国传统教育的弊病,探究其解决策略。第一次世界大战期间,晏阳初奔赴欧洲战场并为华裔劳工开展基础教育,取得良好效果后确定平民教育道路并回国开展平民教育实践,这一阶段他称为"除文盲,作新民"。教育工作开展过程中,晏阳初积极争取西方资源并充分利用资源优势开展基础教育,编辑了一系列简易文字课本以供平民学习使用。经过一系列调研协调工作后,晏阳初联系当地各类教师共同开展义务教育,帮助当地底层民众学习基础文字,而后在山东省、浙江省和江苏省等地进一步普及开展基础教育工作。晏阳初的平民教育模式在世界范围内享有盛誉,菲律宾曾多次要求晏阳初前往指导平民教育工作。经历大量调研和教育实践后,晏阳初认为中国平民教育工作应当充分把握教育主体,因为农民是中国人口结构中占比较大的成分,所以应当丰富农民的知识,使其提高生产力,"自养、自卫、自立"。新中国成立以来,晏阳初在多地区开展平民教育和农村教育工作,而后奔赴台湾等多地进一步开展平民教育。

当时很多仁人志士积极探究解决中国教育问题的方法,并通过多种不同方式探究救国救民的渠道,而晏阳初将当时中国存在的关键问题总结为"愚、穷、弱、私"。其中:"愚"主要是指文盲比例极高,识字率较低,基础教育工作开展难度较大，难以快速有效地提高国民素质；"穷"则是指社会大众没有强有力的谋生技能，获取经济的途径渠道单一，保障无力，例如农民如果失去土地就失去了一切可以获取经济的机会，因此社会公众难以自立自强；"弱"是指在长期较差卫生环境下社会公众普遍没有较强的身体素质，卫生观念差且疾病发生率较高，严重疾病一旦出现常常会带来不可挽回的后果；"私"是指社会公众普遍存在自私狭隘、公德意识薄弱的情况，"各扫自家门前雪，莫管他人瓦上霜"就是这一问题的写照。针对这些问题，晏阳初针对性地提出了集中解决方案：开展大规模的文艺教育、平民教育来帮助平民掌握更多知识，解决"愚"的问题；开展生计教育帮助社会公众掌握强有力的谋生本领，解决"穷"的问题；开展卫生教育，帮助平民认识到卫生的关键性以及一些基本措施，解决"弱"的问题；开展公民教育，帮助平民深刻认识到团结的意义和重要性，提高"团结力"，解决"私"的问题。在此基础上，晏阳初在教育实践中总结出"社会、家庭、学校"三种教育，这样的教育模式从现代教育视角出发，从更加宏观的角度评价了平民教育工作面临的主要问题，远超当时教育实践发展水平。通过上述四种教育类型和三种教育方式，晏阳初完善了平民教育的基础学术框架，且该种教育模式极具先进性。

经过长期扫盲教育实践后，晏阳初结合欧洲战场教育经历、学术训练和宗教教育实践，以河北定县为试点开展了全面乡村改造实践，规模宏大且周期完整。在开展乡村改造工作中，他一方面开展各类基础教育解决传统弊病，另一方面推动农村经济进一步发展，考察不同村落地理环境后培育农作物新品种，改良水车、收获器、点播器、中耕器等一系列农业用具，并和周边地区协商后实现了农村改造的推广。经过一系列乡村改造工作后，当地乡村经济发展实现质变，卫生医疗水平显著提升。

晏阳初的劳动教育和耕读教育之间存在密切联系，他在学习初期就受儒家思想、基督教思想影响，而后成长经历中又受到劳动影响，因此始终对农耕有着深切情怀。开始着手平民教育后，晏阳初在乡村改造实践中逐渐形成并践行劳动教育思想，和陶行知等名家共同编写简易识字教材并简化为平民教育课本，带领大量高级知识分子共同走入乡村，开展平民教育。其教育实践大部分是面向乡村居民、普通农民开展的。在晏阳初的教育体系中，他始终推广以劳作为荣的精神，并积极引导平民学习专业技术，提高耕作、劳动效率。经过大量扫盲活动实践,晏阳初深刻意识到中国人并不笨,也不需要"救济";也并非普通平民不值得教,而是当时没有人去教,而且只要有人愿意投身于此,中国社会势必会爆发出巨大潜力。

(四)梁漱溟的教育思想

梁漱溟(1893—1988),原名焕鼎,字寿铭,广西桂林人,爱国主义人士、哲学家、思想家、国学大师、著名学者,是现代新儒家早期代表人物之一。梁漱溟是元朝宗室梁王帖木儿的后裔,家族世代为官。幼时梁漱溟进入了当时较先进的西式学堂开始学习,随后进入顺天中学学习,毕业后在《民国报》任编辑兼记者。少年时期,梁漱溟对时政保持高度关心,经常研究社会主义和维新派理念,并创作《社会主义粹言》。辛亥革命时期,对革命产生向往的梁漱溟加入中华同盟会。在北洋政府司法部任秘书期间他目睹了北洋政府面对外强时软弱不堪,对黎民百姓却进行残酷压榨。他看到了民生凋敝的真相,于是很快辞职。革命之后,中国局势快速恶化,梁漱溟目睹民众疾苦,深有共鸣,希望从哲学、佛学等学科找到解决方法,发表《究元决疑论》《东西文化及其哲学》等论著,在学界产生了一定影响。蔡元培受北洋政府影响辞任北京大学校长后,梁漱溟不满北洋政府对北京大学的干涉而离开北大,而后在山东菏泽自发组建高中。教学过程中梁漱溟在泰州学派的长期影响下逐渐形成了建设乡村的思想,后联合梁仲华等人建立"山东乡村建设研究院"。抗日战争爆发后,梁漱溟任最高国防参议会参议员等职位,积极投身于抗日斗争中,1940年发起组织"中国民族同盟",后担任中央常务委员,1946年代表"民盟"参加重庆政治协商会议。1950年,梁漱溟应邀至北京并担任前四届全国政协委员,后担任第五届、第六届全国政协常委。后来数十年间他先后担任中华人民共和国宪法修改委员会委员、中华文化书院院务委员会主席等一系列职务,将毕生精力奉献于中国传统文化复兴事业中。

梁漱溟以爱国主义为出发点,结合现代社会观念、西方教育思想,积极弘扬中国传统文化。他的教育工作始终以乡村为基点,教育模式侧重于帮助学生养成积极正确的价值观念,重塑乡村风气,推动乡村建设,并取得斐然成绩。

近代中国背景下虽然有部分学者、思想家始终坚持传统文化,但无论是文化界还是教育界,西方现代文化都是主流,这一趋势贯穿了乡村教育、平民教育和基层教育。当时的乡村教育和平民教育也都是力求通过教育民众西方现代文化实现现代化发展。而梁漱溟以继承和弘扬中华传统文化为核心,提出"过去中国教育之错误,论者已多……但核实言之,总不外误在一切抄袭自外国社会"。梁漱溟的教育思想并非否定学习先进文化,而是反对全面西方化,希望能够在教育实践中发掘中国传统儒家文化,为传统文化赋予新价值。

梁漱溟在开展乡村教育的实践中,受到西方生命哲学、儒家礼教思想的共同影响。他的教育实践以全民入学为基础,设置乡、村两级学校,教授儒家传统文化,通过精神感化、道德培育和文化教育三方面共同促进个人发展,方法上借鉴儒家礼教文化,内容上则包含西方先进文化。

梁漱溟在学习西方文化的同时对全盘吸收西方文化始终保持高度警惕,批判性地吸收儒家礼教思想。近代教育学家中,梁漱溟对儒家思想的研究最深入,而在他的成长经历中,曾在西式学堂接受教育,并长期研究西方哲学,批判性地吸收了西方现代教育思想、中国传统文化,对中西方教育体系进行了深入的思考。梁漱溟提出中西方教育存在差异,认为中国是情的教育,西方则是知的教育,两者之间互为补充。在外敌入侵的沉重年代,梁漱溟希望通过乡村改造试验实现文化救国,他认为中国存在严重的文化失调问题,并在山东普通县城开展教育实验,期望取得成绩后能够向全国推广,实现国家自强。虽然乡村教育试验由于忽略了现实社会中的重重阻碍而最终失败,但梁漱溟在西方国家处于绝对强势地位下对全盘接受西方文化保持高度警惕,坚持通过传统方式改造民众、改造社会,并长期扎根农村开展教育。

梁漱溟对中国乡村教育有着极为深刻的认识和理解,认为乡村教育是乡村建设的基础,要强化农民的自发优势,就需要帮助农民群体启发情感、完善道德并增加知识储备,注重培养乡村建设本土人才,乡村安定后才不会出现大量流民。而在乡村建设过程中,农业能刺激国家财富增长,社会也可以收获一大批过剩劳动力。

梁漱溟的劳动思想以耕读文化为根源,最终落在对学生个体个人价值的养成、道德的改良上,他的思想体系中吸收了传统儒家文化的入世之学和西方文化的实用之学。离开北大之后,梁漱溟在从事各类教育工作时都愈发务实,形成的教育论述、著作中也更加倾向于解决现实问题、完善实践操作。中学教育实践中,梁漱溟认为适当劳动能够帮助学生完善人格,否则可能会导致学生在人格层面成为不愿意从事生产的"贵族"。近代教育家对相关问题进行了大量的研究和讨论,很多教育学家认为传统社会观念扭曲了人们的价值观念。而梁漱溟则从儒家思想正本清源的角度,强调传统儒家学派讲究实践,讲究入世哲学,不排斥体力劳动,但科举入仕、文化桎梏等多种因素共同影响下体力劳动者被人们认为是"下层人士",很大程度上破坏了社会风气。

作为儒家文化的坚定传承、发扬者,梁漱溟也受到了佛家平等思想的影响,他在教育实践中反对学生成为贵族,并积极鼓励学生热爱劳动、参与劳动,废除学校的杂役制度,让学生自己负责公共事务,自立、自强,成为完善的人,然后再修行成为儒家的"士"。梁漱溟认为人人参与劳动能够有效推动经济发展、社会稳定,并在山东教育实践中加入了手工业、农业的培训,鼓励学生积极劳作。这一方面受到西方实用主义的影响,另一方面也可以看出耕读文化在其中的作用。

新中国成立以来,经建设农校、扫盲活动、农民夜校等一系列活动后,各种耕读中学、耕读小学模式再度为耕读文化注入活力。1964年中国提出耕读办学模式,各种半耕半读的教育模式成为乡村学校教育的重要方式之一。《黄陂县教育志》中记载了当地耕读教育工作的开展情况,数据显示,1965年底全县耕读中小学总数约3000所,学生总数达到4万余人。耕读结合的教学模式在保障农业生产基础的同时提高了乡村教育水平。20世纪80年代之后,中国城乡二元化格局逐渐成形,随之而来的是城乡教育差距扩大,经济收入差增加,很多农民为了谋取更多收入,提高生活质量,纷纷选择进城务工。这一背景下"三农"问题显露,全国各地"空心村"问题逐渐加剧,耕读文化如何继承弘扬,成为值得重视的问题之一。

第五节　耕读文化的重生与复兴

在乡村文化日益消解的背景下,现代中国高校毕业生选择"三农"行业就业的比例极低,学生成长和农业农村需求之间存在差异,耕读教育的回归迫在眉睫。十一届三中全会上,党的工作重心转移,并重新审视、讨论了劳动和教育之间的关系、生产劳动和教育的关系、体力劳动和脑力劳动的关系。1981年十一届六中全会通过的《关于建国以来党的若干历史问题的决议》,提出"坚持德智体全面发展、又红又专、知识分子与工人农民相结合、脑力劳动与体力劳动相结合的教育方针"。2001年,国务院出台了《国务院关于基础教育改革与发展的决定》,明确劳动教育在基础教育活动中的重要性。2018年全国教育大会中进一步强调了劳动教育的重要性。《中华人民共和国教育法》(2021年修订版)中进一步明确了劳动教育的意义。乡村振兴视角下,人们重新审视中国优秀传统文化的价值和意义。

十一届三中全会后,人们重新审视了劳动教育的意义,加强对脑力劳动的关注,从现代化教育理念出发,重新定义了劳动和教育相结合,这也是耕读文化在新时代的延续。劳教结合是指现代机械工业生产的劳动和现代化的学校教育相结合,这样的教育模式能够帮助受教育者在获取基本技术、文化素养的基础上陶冶情操,充实知识和技能,实现智力、体力协调发展的目标,能够推动受教育者全面发展。新中国成立后,在20～30年内,中国的经济生产方式依旧以传统手工劳动、体力劳动为主,在当时的时代背景下如果强行推行劳教结合,则会导致技术教育水平降低。因此,直到改革开放后,中国才开始逐渐推行劳教结合的教育方式,并通过种种方式推动形成"尊重知识"的社会风气。

1978年,全国教育工作会议中进一步强调了社会主义建设背景下的教育工作应当着力于将教育和生产劳动相结合,让教育事业和国民经济发展相匹配,即"两个必须",教育必须为无产阶级政治服务,必须与生产劳动相结合。这一时期的教育工作不再着力于学校内部,而是关注如何让教育工作的开展能够适应国民经济发展的节奏。这一时期学术界围绕"两个必须"教育方针展开了激烈讨论。潘益大、萧宗六等人认为"两个必须"的教育方针是阶级斗争的产物,没有反映出教育本质,因此主张进一步完善现代化教育。1985年《中共中央关于教育体制改革的决定》中就此做出完善,并提出"教育必须为社会主义建设服务",这一阶段"知识分子与工农群众相结合""脑力劳动与体力劳动相结合"的说法屡见不鲜。1993年,《中国教育改革和发展纲要》中提出"教育必须为社会主义现代化建设服务,必须与生产劳动相结合",到此时教育和劳动生产之间的关系得到进一步明确。

《20年来我国教育思想的深刻变革》中总结了1978年以来中国教育思想的转变。1958年中国的教育方针是"教育为无产阶级政治服务",对于教育工作的开展没有简明、系统的描述。1989年后,中国教育急需一个直观的描述来统一不同方面对教育工作开展方法的认识。教育学会经细致探讨后形成了《中国教育改革和发展纲要》,并在之后录入《教育法》中。

1986年《关于〈中华人民共和国义务教育法〉(草案)的说明》中提出要进行适当劳动教育,贯彻德智体美全面发展的教育方针,这是"五育全面发展"的首次正式提出。随后国家发布一系列文件,推动全面发展的教育工作向纵深开展。20世纪90年代后,中央对德育、体育、智育的内涵进行进一步扩充,1995年《中华人民共和国教育法》中又重新提出教育工作要培养"德、智、体等方面全方面发展的社会主义事业的建设者和接班人",在这里"五育"重新变回了"三育",但并不意味着完全忽视了美术教育和劳动教育,这两者被归入德育、体育当中。这一阶段,教育体系格外注重劳动技能素质,其间由教育部印发的《关于普通中学开设劳动技术教育课的试行意见》就要求中学教育体系中,初中三年间每学年安排2周、每天4小时劳动技术教育课,高中三年间每学年安排4周、每天6小时劳动技术教育课。教育实践中,要求学生在完成劳动技术教育课程学习后书写劳动小结;课程评价中则根据学生掌握劳动相关知识、劳动纪律以及劳动时的态度,按优、良、及格、不及格四个档次评价,评价结果录入学生成绩中,其中劳动态度较差的学生不得参评三好学生。这是新中国成立以来,首次在教育评价体系中加入劳动教育相关成分。1998年,教育部出台的《关于加强普通中学劳动技术教育管理的若干意见》明确了劳动技术教育应当纳入教育评价指标中,并将劳动技术教育的重视程度、开展效果作为先进学校、先进单位评选的依据之一。

这一阶段,劳动教育在学科地位上达到了"登堂入室"的程度,具备相应的课时时长以确保教师能够传授劳动价值观、知识和相关技能。但与此同时,在教育实践过程中也存在部分问题。1986年,全国中学劳动技术教育工作座谈会中提到有半数的学校尚未开设劳动技术课,部分教育行政部门也不够重视这门课程,同时基层学校开展劳动技术教育课程时存在经费、场地、设备和师资力量等方面问题。当时的教育环境下,教师、学校、地方教育部门都存在片面追求升学率的问题,很大程度上导致基础教育效果达不到预期。而劳动技术教育课程作为一门综合性较强的新课程,对于师资力量、设备和场地的要求显著高于其他学科,因此需要进一步引导学生、教师、家长、社会强化对学习和劳动之间关系的理解。由此可见,虽然党中央重新定位了劳动教育方针,并发布一系列文件慎重调整劳动教育,落实于实践,但在多种因素共同影响下,实践效果不够理想。此时耕读文化已通过劳动教育重新提出,并逐渐回归到社会主流教育实践中。

21世纪以来,我国进入全面建设小康社会的历史新阶段,党中央重新赋予劳动以全新内涵。知识经济逐渐成为社会发展趋势,"尊重劳动、尊重知识、尊重人才、尊重创造"成为党和国家的重大方针之一,这也是"劳动创造一切"观点的延续。只有尊重创造才能够达到创造劳动的效果,没有创造的劳动只是简单重复,没有劳动的创造只是纸上谈兵。而要尊重创造、尊重劳动,就需要尊重人才、尊重知识,因此这"四个尊重"之间保持相当的内在一致性。十六大报告中提出"要尊重和保护一切有益于人民和社会的劳动",在此基础上提出"劳动最光荣,劳动者最伟大",提高了劳动者地位,并提出社会建设的重点在于改善民生。

《关于教育问题的谈话》《关于基础教育改革与发展的决定》中都强调了现代教育需要围绕社会主义现代化建设开展,并在原有教育方针的基础上加入"为人民服务"这一新思想,体现出"立党为公,执政为民"的基本理念。这一方针在生产劳动的基础上提出教育还要和社会实践灵活结合,通过社会实践环节进行知识的创新化应用,检验思想和知识,让受教育者对知识产生更加现实、贴合时代的理解。同时劳动教育的含义也在向外拓展,在此之前的劳动教育理念为"教育与生产劳动相结合",这一阶段则具体划分了生产劳动,实践内容也从单一的劳动技术课拓展到职业技术、通用技术、生产技术、研究性学习、社会服务、社会实践等多个领域当中。但在教育实践中发现,将劳动教育内涵拓展,致使教育实践中劳动课程目标不够明确,不仅课程课时得不到保障,较大的场地、设备需求也难以满足,加上教育场地经常被其他学科占用,导致劳动教育课程开展效果不尽如人意。

虽然劳动教育内涵的拓展没有得到良好的实践效果,但党对劳动者的关怀日趋提升。经济发展水平提升背景下,劳动和知识之间关系变得越来越模糊,体力劳动者也可以有着较高的文化水平并获取良好的社会地位,其劳动内容也可以表现出极高的技术含量。在这一背景下,教育工作应当引领青少年群体树立正确的劳动观念,推动社会朝着"劳动者参与发展,分享发展成果"的方向发展。

党的十八大以来,习近平总书记着力于解决"人民日益增长的美好生活需要和不平衡不充分的发展之间的矛盾",将"努力让劳动者实现体面劳动、全面发展"作为重要施政目标之一,并提出"不断促进人的全面发展"。习近平新时代中国特色社会主义思想传承农耕文化思想的精髓,并结合马克思主义劳动观念,创新性地提出新时代中国特色社会主义劳动思想,重点论述了对青少年及儿童开展劳动教育的必要性和重要性。在此之前,中小学生劳动教育受到多方面影响,情况已不容乐观。学校开展劳动教育实践时,常常存在经费匮乏、场地占用、师资不足等问题,甚至有学校将劳动作为体罚学生的一种手段,导致学生、家长、学校乃至社会都不够重视在教育体系中融入劳动观念,培养学生劳动习惯。

2015 年,教育部等多部门联合印发《关于加强中小学劳动教育的意见》,强调中小学教育中要着力于培养学生的劳动习惯,使其形成正确的劳动态度,提高学生的劳动素养,并以此为基础培育学生勇于创造、自觉劳动、勤奋学习的精神。而后推行的《中华人民共和国高等教育法》中增加了社会实践的相关内容,并要求高等教育应当培养学生的社会责任感。这一内容正是高等教育改革过程中出现问题的回应,彰显了高等教育改革发展的取向。

从这些内容中可以深切感受到,作为国家教育事业的重要环节之一,高等教育的开展不能仅仅关注于其工具合理性,同时还要在此基础上追求价值合理性,最终实现为人民服务的目标。

新中国成立以来,不同时期的教育方针有所不同,虽然各自主题有所差异,但在各个时期中均着重提出和劳动相关的内容,并通过多种方式尝试应用到实践中,这些正是传承农耕文化的现实表现。

第二章　耕读文化的精神内涵与价值传承

　　本章探讨了耕读文化的精神内涵与价值传承,以展现耕读教育的重要性和深远影响。耕读文化以将物质生产与精神生活、个体生命与家国情怀、教育方式与价值追求融为一体的方式,融入中华民族的血液之中,代代相传。本章从耕读的古典教育理念出发,阐述了精耕细作、知行合一、天人一体等思想。耕读文化强调将劳动和知识相结合,实践与理论相融合,以及个体与自然、社会的和谐统一,形成了独特的古典教育理念。本章着重探讨了耕读文化的个体价值。耕读教育通过修身和为人处事的伦理原则,培养个体的品德、道德观念,促进个体实现自身的全面发展。耕读文化注重培养个体的责任感、勤劳精神和自我完善的意识。耕读教育通过与邻为善、家训家规等道德哲学的传承,促进家庭内部成员之间的和谐相处与相互教化。耕读文化对淳化民风、塑造良好的家庭价值观起到积极的作用。耕读文化承载着治国平天下的教育智慧,为社会提供了促进和谐稳定、民风淳朴、文化繁荣等方面的价值。耕读教育培养了具有社会责任感和公民意识的人才,为社会发展和进步做出积极贡献。

　　通过论述耕读文化的精神内涵与价值传承,本章旨在弘扬耕读文化的价值观念,加深对耕读教育的理解,并为推动耕读教育的实践和乡村振兴提供理论指导和实践借鉴。耕读文化以其独特的综合性教育理念和社会价值,在中华民族的历史进程中扮演着不可或缺的角色。

第一节　耕读的古典教育理念

　　耕读文化作为中华民族古老而深厚的教育传统,蕴含了一种独特的古典教育理念。本节将探讨耕读文化所包含的古典教育理念,主要涵盖了精耕细作、知行合一和天人一体等重要思想。

（一）精耕细作

耕读文化的古典教育理念之一是精耕细作。它强调对土地的细致观察，注重耕作技艺的精湛。精耕细作不仅仅是为了获得丰收，更是一种修身养性的过程。

在耕读文化中，人们对土地进行细致观察，以了解土壤的肥力、水分状况和作物的生长需求等重要因素。通过这种细致观察，耕读者能够准确评估土地的特点和潜力，为农作物的种植和管理提供科学依据。在实际耕作中，耕读文化强调科学的耕作方法和技术的运用。耕读者通过深入研究和不断实践，掌握耕作技艺，以提高耕作效率和农作物的品质。他们选择适合当地气候和土壤条件的农作物，合理施肥、科学排水，采取适当的耕作措施，从而最大限度地发挥土地的生产潜力。精耕细作的理念要求耕读者在耕作过程中注重细节，从土地的质地、水分、肥力到农作物的生长状况，都需要精确观察和了解。他们注意调整耕作方式和控制农作物的生长环境，以满足作物的生长需求并防止病虫害的发生。通过精心的耕作和耐心的照料，耕读者能够获得更好的产量和农产品的品质，实现丰收的目标。精耕细作不仅是提高农业生产效益的重要手段，也是培养耕作者耐心、细致和责任感的过程。耕读文化鼓励耕作者深入研究土地的特性，不断探索适应当地环境的耕作技术，实现农业的可持续发展。这种科学的耕作方式不仅提升了土地的生产能力，而且为农民提供了更好的生活条件和经济收入，同时也保护了环境和生态系统的健康。在耕读文化中，精耕细作被视为一种修身养性的过程。通过对土地的细致观察和科学耕作的实践，耕读者培养了劳动精神、专业技能和责任感。这种精耕细作的精神也体现了对土地的尊重和敬畏，使耕读者与自然环境建立起一种和谐共生的关系。

精耕细作的意义远不止于提高农业生产效益和土地利用效率，它代表了对劳动的尊重和奉献的精神。耕作是一项辛勤而艰苦的劳动，需要人们投入大量的时间、精力和汗水。精耕细作的过程需要耕作者不断地投入精力和关注细节。他们需要细致地观察土地的特性、作物的生长状况以及环境的变化，通过精心的耕作和耐心的照料，为作物提供最佳的生长条件。这种辛勤的努力和付出体现了对劳动的尊重和认可，耕作者通过实践来体验劳动的辛苦和价值。精耕细作的过程也是一种培养勤劳、坚持和毅力等品质的机会。通过长时间的劳动和耕作实践,耕作者培养了勤劳的习惯和坚持不懈的精神。他们懂得耕作的过程需要持之以恒,需要付出持续的努力和毅力,才能获得丰收的回报。这种品质的培养使耕作者不仅在农田中获得成功,也在生活和事业中展现出坚持和努力的精神。此外,精耕细作的过程也培养了耕作者的奉献精神。耕作者明白劳动不仅仅是为了个人利益,更是为了社会和家庭的福祉。他们愿意为了农业生产的发展和社会的进步而付出努力,将个人的劳动和奉献融入大局中。这种奉献精神促使耕作者在乡村振兴、乡村发展和社会建设中发挥积极的作用。

精耕细作的理念在耕读文化中扮演着重要角色。它不仅推动了农业的发展,提高了农产品的产量和质量,也培养了人们的劳动精神和专业技能。通过精耕细作,人们更深入地了解了土地和自然,增强了对环境的敏感性和保护意识。同时,精耕细作的价值观也影响着其他领域,激励人们追求卓越、精益求精,推动社会的进步和发展。

精耕细作作为耕读文化的古典教育理念之一,强调了对土地的细致观察和耕作技艺的精湛,体现了对劳动的尊重和奉献的精神。它对农业发展、个体品质的培养和社会进步具有重要意义。通过精耕细作,人们能够与土地和自然建立更深入的联系,体验劳动的乐趣和价值,推动个人和社会的全面发展。

(二)知行合一

耕读文化强调知行合一的思想,将知识与行动紧密结合在一起。在耕读的实践中,知识的获取和理解需要通过实际操作来验证。只有将所学的知识真正应用于实践中,才能真正理解和掌握其中的道理,将所学的知识运用于生活中。

知行合一的理念是耕读文化中的重要原则,要求人们将学到的知识与实际行动相结合。实践在知识的应用和发展过程中具有重要作用。通过实践,人们能够将抽象的理论知识转化为具体的行动,将概念和原则应用于实际问题中。实践不仅是验证知识的有效性和可行性的过程,也是发现和解决实践中问题和挑战的途径。通过实践,人们可以发现知识在实际应用中的局限性和不足之处,并通过反思和调整不断完善知识体系。实践不仅为知识的不断迭代和提升提供了源泉,也促使人们在实践中不断学习和成长。知行合一的理念强调了知识和实践的紧密结合。只有将所学的知识付诸实践,并在实践中不断反思和调整,才能真正理解和掌握知识的本质和价值。知行合一不仅培养了人们的实践能力和创新思维,也强调了实践对于知识的验证和提升的重要性。在耕读文化中,知行合一的理念在农业生产中得到了广泛应用。耕读者通过实际操作和实践经验,不断改进和创新耕作技术和方法,以适应不同的环境和需求。他们将农业科学知识应用于实际生产中,解决种植、管理和营销等方面的问题,提高农作物的产量和品质。通过知行合一的实践,耕读者不仅掌握了农业技术,也积累了丰富的实践经验,不断提升自己的能力和水平。

耕读文化注重实践能力的培养和创新思维的发展。实践是将知识转化为行动的过程,通过实际操作和体验,人们能够培养解决问题的能力、灵活应对变化的能力以及创造力和创新精神。在耕读的实践中,人们面临着各种挑战和问题,例如土壤的肥力、病虫害的防治、气候变化的影响等。通过实践,人们不断尝试和探索解决问题的方法和策略。他们通过试错和反思,积累经验并不断优化和改进自己的实践方式。这种实践能力的培养使耕读者具备了解决实际问题的能力和应对复杂环境的能力。耕读文化也鼓励人们在实践中发展创造力和创新精神。实践中的问题和挑战激发了人们寻找新的解决方案和创新方法的动力。耕读者通过实践中的观察、思考和实验,探索出适应性更强、效果更好的耕作方式和农业技术。他们不断尝试新的种植方法、农药与化肥的使用比例、农业机械的改进等,为农业生产带来新的突破和进步。实践培养了耕读者的创造力和创新精神,使他们能够在面对困难和变化时寻找新的解决方案和机会。通过实践的探索和实验,耕读者不断尝试和改进,推动农业生产和乡村发展的创新与进步。

知行合一的理念不仅强调了实践对于知识的验证和提升的重要性,也强调了知识对于实践的指导和支撑的作用。知识是人们对世界和事物的认知和理解,它提供了问题解决和行动指导的基础。通过学习和积累知识,人们能够更好地理解问题的本质和背后的规律,为实践行动提供指导和支持。知识对实践的指导和支撑具有重要意义。在实践中,人们面临各种问题和挑战,需要依靠知识来指导和解决。通过学习和积累知识,人们能够了解不同的解决方案和方法,并选择最适合的方式来应对实际问题。知识为实践行动提供了理论基础和实践指导,使人们能够更加科学和有效地进行实践。同时,实践对知识的验证和提升也起着重要作用。实践是知识的检验场,只有在实践中,人们才能真正验证知识的有效性和可行性。通过实践,人们可以发现知识的局限性和不足之处,通过实际操作和体验来不断完善和提升知识。实践不仅为知识的不断迭代和提升提供了源泉,也推动了知识与实践的良性互动和相互促进。知识和实践的相互促进和相互支持形成了良性循环。通过不断学习和积累知识,人们能够更好地指导和改进实践行动,提高实践的效果;而通过实践的验证和实践中的发现,又能够促进知识的更新和完善。这种良性循环推动了个体和社会的持续发展,促进了知识的更新和实践的进步。

耕读文化强调知行合一的思想,将知识与行动紧密结合在一起。通过实践来验证和应用所学的知识,培养实践能力和创新思维。知行合一的理念强调实践对于知识的验证和提升的重要性,也强调知识对于实践的指导和支撑的作用。通过知行合一,人们能够更好地应对现实挑战,不断提升自身能力,推动个体和社会的全面发展。

(三)天人一体

耕读文化追求天人一体的境界,强调人与自然的相互依存和和谐统一。耕读的过程不仅仅是一种物质生产的手段,更是人与自然和谐相处的方式。通过与自然的互动,人们能够更好地认识和体验自然的规律,从而与自然建立一种和谐的关系。

在耕读文化中,人们尊重自然,与自然环境保持亲密联系。他们深入了解自然的生态系统、气候变化、植物生长周期等规律,并在耕作的过程中与自然相互配合。耕读者学会观察自然的变化,根据天气、季节和土壤条件调整耕作的时间和方式。他们注重生态平衡,采用可持续的农业方法,保护土地的肥力和生物多样性。耕读者通过深入了解自然规律,能够更好地适应自然的变化和需求。他们观察天空的变化、感知气温的变化、了解降雨情况等,以确定合适的时间进行种植、施肥、灌溉等农事活动。他们通过观察和体验,掌握了适应不同气候条件和季节变化的农作技术和方法。

在耕读文化中,保护生态环境是一项重要的责任和价值观。耕读文化强调对自然环境的尊重和保护。人们意识到自然资源的有限性和脆弱性,因此积极采取措施保护土地、水资源和生态环境。他们遵循环境友好的农业实践,减少对土壤、水源和空气的污染,保护和恢复生态系统的健康状态。通过与自然的和谐相处,耕读者致力于实现人类与自然的可持续发展。

耕读文化注重土地的保护与可持续利用。人们意识到土地是农业生产的重要基础,因此采取措施保护土地的肥力和结构。他们避免过度耕作和侵蚀土地,采用轮作和绿肥种植等方式,保持土地的养分平衡和结构稳定。此外,他们还注重土地的复垦和恢复,通过植树造林和水土保持工程等措施,改善土地的生态环境,保持和恢复植被覆盖,减少土地退化和沙漠化的风险。

水资源的保护也是耕读文化的重要内容。人们注重水资源的合理利用和节约,采用节水灌溉技术和管理措施,减少水的浪费和污染。他们注重水源的保护,不污染水体,保持水质的清洁和健康。同时,他们也积极参与水资源管理和保护的行动,推动水资源的可持续利用。

在生态环境方面,耕读文化注重生态系统的保护和恢复。人们尊重生态多样性,保护濒危物种和生态重要区域。他们注重生物多样性的保护和生态系统的恢复,通过生态修复、生态补偿等方式,重建和保护自然的生态平衡。此外,耕读文化还倡导环境教育和环境意识的培养,通过教育和宣传,提高人们对环境保护的认识。

天人一体的思想不仅培养了人们的生态意识和环境责任感,也促进了社会的可持续发展。耕读文化鼓励人们建立与自然和谐相处的生活方式,意识到人类与自然相互依存的关系。这种思想引导人们追求可持续的农业和生活方式,减少资源的消耗和环境的破坏,推动社会朝着更加可持续的方向发展。

第二节　耕读文化的个体价值

耕读文化不仅具有深远的社会意义,还在个体层面上承载着重要的价值观。本节将重点论述耕读文化的个体价值,探讨耕读如何培养个体的品德和道德观念,以及个体在耕读中实现自身价值的重要性。

(一)耕读文化提升个体的道德素养

耕读文化通过培养个体的品德和道德观念,提升个体的道德素养,使其成为有良好道德修养的公民。耕读文化注重自律的培养。在耕读的过程中,个体需要自觉遵守种植、养殖等农事的规律和要求。他们需要保持良好的时间管理能力、计划能力和执行力,准时完成各项耕作任务。这种自律的培养不仅使个体能够高效地组织和管理农事活动,更重要的是培养了个体的自我约束能力和责任感。

耕读文化注重坚韧的培养。耕作过程中会面临各种挑战和困难,例如天气的不确定性、病虫害的影响等。个体需要具备坚韧的毅力和抗压能力,面对困难和挫折时能够坚持下去,并积极寻找解决问题的办法。这种坚韧的培养不仅在农事中起到重要作用,也能够在个体的其他生活领域中带来积极影响。耕读文化培养个体的坚韧品质,使其能够在面对农作物生长的不确定性和自然灾害的风险时保持积极向上的态度。农作物的生长过程受到天气、气候等因素的影响,可能会面临干旱、洪涝、病虫害等问题。耕读者通过实践,学会了如何应对这些挑战,保持耐心和毅力。他们在遇到困难时不会轻易放弃,而是通过不断尝试和调整策略,找到解决问题的方法。坚韧的个体能够更好地应对生活中的挑战和困难,无论是工作上的压力、学习中的困难,还是人际关系中的冲突和挑战,他们都能够保持乐观的心态,坚定地追求目标,并且不轻易受到挫折打击。坚韧的品质使个体能够持之以恒地努力,克服困难,实现个人的成长。在耕读文化中,坚韧的培养也与耐力和自律息息相关。耕作需要耐心和持久的努力,个体需要在漫长的过程中保持专注和毅力。耕读者通过劳动的实践,培养了耐力和毅力。他们懂得等待和坚持,明白付出努力和持之以恒的重要性。同时,耕读文化也强调个体的自律能力,通过规律的农事活动和自我管理,培养个体的自律品质。

同时,耕读文化注重责任感的培养。个体在耕作中承担起对土地、作物和生态环境的责任。他们需要细心照料农作物的生长、保护土地的肥力、合理利用资源等,确保农业生产的可持续发展。耕读文化也强调家庭观念和社会责任感的培养,倡导个体与邻里互助、关爱他人、积极参与社会公益活动等。这种责任感的培养使个体意识到自己在社会中的角色和责任,培养了对社会的贡献意识。在耕读文化中,个体承担起对土地和农作物的责任。他们了解土地的特性和需求,通过耕作技艺和科学方法,为土地提供适宜的环境和条件。个体关注作物的生长过程,包括浇灌、施肥、除草、防治病虫害等,确保作物的健康生长和丰收。个体明白自己对土地和农作物的责任,尽心尽力地履行这份责任,提升农业生产的品质和效益。此外,耕读文化也注重家庭观念和社会责任感的培养。个体通过家庭生活和社区交往,学会与他人和睦相处、互相帮助。他们关心他人的需要,乐于伸出援手,形成互助互爱的家庭和社区关系。耕读文化鼓励个体积极参与社会公益活动,为社区和社会做出贡献。他们以身作则,通过实际行动影响他人,传递责任感和奉献精神。这种责任感的培养使个体认识到自己在社会中的角色和责任。他们明白自己的行为和选择会对家庭、社区和社会产生影响,因此努力承担起自己的责任。耕读文化通过培养责任感,促使个体积极参与社会事务,关心社会问题,推动社会的发展和进步。这种责任感的培养也增强了个体的公民意识和社会责任感,促使个体积极投身于社会事务,为社会的共同利益做出贡献。

通过耕读文化的实践和教育,个体的道德品质得到了培养和提升。他们不仅具备了自律、坚韧和责任感,还形成了诚实守信、尊重他人、乐于助人等良好的道德习惯和行为。这些道德品质使个体成为有良好道德修养的公民,在社会中展现出积极向上的形象,为社会和家庭做出贡献。

(二)耕读文化注重个体的全面发展

耕读文化强调个体在耕读中实现自身价值的重要性,注重个体的全面发展,包括物质、精神和心灵层面。

首先,耕读文化注重对美的感知和欣赏能力的培养。在与自然互动的过程中,个体能够感受到大自然的壮美、生命的律动以及季节的变化。他们通过观察四季更迭、欣赏农田风光和农作物的生长过程,培养了对自然美的感知和欣赏能力。这种美的感知不仅使个体对生活充满热情和兴趣,也培养了他们的审美情趣和创造力。耕读者通过与大自然的互动,发现了大自然的独特之处。他们欣赏农田的宁静与生机、作物的茁壮成长以及自然景观的变化多样。他们敏锐地观察着自然的美,感受着生命的力量和律动。这种感知和欣赏能力使个体更加敏感和细腻,从而拓展了他们对美的理解和追求。此外,耕读文化培养了个体的审美情趣。个体在与自然互动的过程中,逐渐培养了对美的敏感和鉴赏能力。他们懂得欣赏自然的细腻之处、颜色的变化、形态的多样性等。这种审美情趣使个体对美的体验更加深入和丰富,能够从日常生活中发现美的细节和价值。耕读文化也激发了个体的创造力。在与大自然互动的过程中,个体不仅仅是观察者,还是参与者和创造者。他们根据对自然的感知和理解,积极探索和创造,发展出适应当地气候和土壤条件的耕作方法和技术。这种创造力在农业生产中起着重要作用,同时也在其他领域中发挥着积极的作用。个体通过对美的感知和欣赏,不断激发创造力,为社会的发展和进步做出贡献。

其次,耕读文化鼓励个体参与耕作和传承农耕技艺等活动,实现个人技能的提升和自我价值。个体通过亲身参与耕作、学习农业知识和技术,逐步掌握农耕技艺,提高了农业生产的效率和质量。耕读文化鼓励个体传承农耕技艺,将经验和智慧代代相传,使个体的价值不仅仅局限于自身的发展,还延伸到了家族和社区的传承与发展。在耕读文化中,个体通过亲身参与耕作,学习和实践农耕技艺。他们掌握种植作物、养殖动物、管理农田等方面的技术,通过不断的实践和经验积累,逐步提升自己的农业生产能力。个体通过技艺的提升,不仅能够实现农业生产的效益最大化,还能够提高农产品的品质和市场竞争力。耕读文化也非常重视农耕技艺的传承。个体将自己在农耕活动中所积累的经验、智慧和技能,传承给后代和其他有志于耕读的人。这种传承不仅仅是技术上的传授,更是价值观和文化的传递。通过代代相传,农耕技艺得以延续,同时也保留了中华民族丰富的农耕文化。个体通过参与耕作和传承农耕技艺,实现了个人技能的提升和自我价值。他们通过努力和实践,不断掌握和提升农耕技艺,为农业生产做出了贡献。同时,他们将农耕技艺传承给后代,为家族和社区的发展做出了贡献。

最后,耕读文化鼓励个体发挥自己的特长和潜能,通过劳动和知识的结合,为社会和家庭做出贡献。个体可以根据自己的特长和兴趣选择适合自己的耕作方式,发挥自身的优势和创造力。他们可以在农业生产中创新、实践和探索,提出新的农业模式、经营理念和技术方法,为农业的可持续发展贡献自己的力量。同时,个体也可以通过传授知识、培训和指导他人,将自己的经验和技能传递给更多人,帮助他人提升农业生产能力和生活质量。耕读文化强调个体在耕读中实现自身价值的重要性。每个个体都具备独特的才能和技能,在耕读的过程中可以发挥自己的优势。个体可以根据自己的特长和兴趣选择适合自己的耕作方式,发挥创造力和创新精神。通过创新的耕作方法、经营理念和技术应用,个体可以改善农业生产效益,提高农产品的质量和市场竞争力。个体还可以将自己的经验和知识传递给他人,帮助他人提升农业生产能力和生活质量。通过培训、指导和分享经验,个体可以帮助他人掌握农耕技术、农业管理和市场运作等方面的知识,提高他们的农业生产水平和经济收益。个体的帮助不仅使农村社区得到了发展和繁荣,也为整个社会的可持续发展做出了贡献。通过发挥个体的特长和潜能,每个个体都能在耕读中实现自身的价值,推动农业的发展和乡村的振兴。

个体通过对美的感知和欣赏能力的培养、参与耕作和传承农耕技艺等活动,以及发挥自身的特长和潜能,实现了个人技能的提升和自我价值。耕读文化鼓励个体在劳动和知识的结合中为社会和家庭做出贡献,推动农业的可持续发展和社会的进步。

(三)耕读文化关注个人的身心健康

耕读文化的个体价值还体现在对个人身心健康的关注上。在耕读的过程中,个体通过身体劳动和与大自然的接触,获得了身心的放松和愉悦。

首先,耕读文化通过耕作的身体劳动,让个体得到了锻炼和体能的提升。耕作需要个体进行各种体力活动,例如犁地、播种、收割等。这些劳动不仅可以锻炼个体的肌肉和体力,还可以提高个体的毅力和耐力。通过长期从事耕作,个体的身体素质得到了显著提升,拥有更好的体能和抵抗力。

耕作过程中,个体需要进行重复而有节奏的动作,例如弯腰、运输等。这些动作可以锻炼个体的灵活性、协调性和平衡能力。同时,耕作过程中需要面对不同的气候和地形条件,个体需要适应不同的工作环境和工作强度,培养了适应和应变能力。此外,耕读文化强调劳动与休息的平衡,注重健康的生活方式和良好的饮食习惯。个体在耕作之余,也会注意身体的休息和恢复,保持良好的睡眠和饮食习惯。这种平衡的生活方式有助于个体的身体健康和精神状态的调整。通过耕作的身体劳动,个体得到了全面的身体锻炼和体能的提升,不仅拥有了健康的体魄,也具备了应对各种挑战和压力的能力。个体通过健康的生活方式和良好的饮食习惯,保持了身心的平衡和健康,能够更好地应对生活和工作中的各种需求和挑战。耕读文化注重个体的身体健康,使个体在耕读中获得了身心的双重收益。

其次,耕读文化注重个体与大自然的接触。在耕作的过程中,个体与土地、植物和自然元素进行密切互动。他们触摸泥土、感受阳光、聆听风声,与大自然融为一体。这种接触让个体感受到大自然的恩赐和能量,带来身心的平静和愉悦。大自然的美丽和宁静能够舒缓个体的压力和焦虑,促进身心的放松和平衡。耕读文化强调劳动与休息的平衡,倡导健康的生活方式和良好的饮食习惯。个体在耕读的过程中,不仅注重劳动,也注重休息和放松。他们明白劳逸结合的重要性,定期休息和娱乐,保持身心的健康状态。个体在与大自然的亲密接触中,享受到自然界的美丽和宁静,从而得到身心的舒展和放松。这种与自然的接触,有助于减轻个体的压力和焦虑,提高心理的健康水平。大自然的美景和自然元素的存在,能够激发个体内心深处的宁静和喜悦,带来积极的情绪和情感体验。个体通过与大自然的互动,重新连接到自然的节奏和律动中,获得心灵的平静和内心的安宁。耕读文化通过倡导健康的生活方式和放松的休息,使个体在耕读中得到身心的双重滋养。个体通过与大自然的接触,获得了身心的平静和愉悦,有助于提高生活质量和幸福感。这种注重个体与自然的联系和平衡的生活方式,使耕读文化成为一个全面关注个体健康和幸福的教育和生活理念。

最后,耕读文化还倡导健康的饮食习惯,鼓励个体食用新鲜的农产品,保持良好的营养摄入,促进身体的健康发展。耕读者通过种植自己的农作物和食用当地的农产品,享受到了优质、新鲜的食物,摄入了丰富的营养成分。他们注重食物的质量和营养价值,避免过度加工和使用化学物质,倡导健康、自然的饮食方式。通过耕读的活动,个体能够获得身体锻炼、心灵放松和与大自然和谐共生的机会,促进身心的健康发展。耕作的身体劳动、与自然的接触以及享受新鲜农产品的过程,为个体提供了锻炼身体的机会,增强了体力和耐力。同时,个体通过与大自然的互动,感受到自然的美好和宁静,从而获得心灵的放松和平衡。这种身心的双重滋养有助于提高个体的生活质量和幸福感。耕读文化关注个人身心健康的价值观,为个体提供了一个综合发展和全面健康的生活方式。它强调了饮食的重要性,倡导健康的饮食习惯和均衡的营养摄入。同时,通过与自然的互动和身体的劳动,个体得到了锻炼和放松,促进了身心的健康发展。耕读文化这种关注个体健康的价值观,有助于提升个体的生活质量、增强抵抗力,并培养出健康、积极的生活态度。

耕读文化的个体价值体现在对个人身心健康的关注上。通过耕作的身体劳动和与大自然的接触,个体获得身心的放松和愉悦。耕读文化强调劳动与休息的平衡,倡导健康的生活方式和良好的饮食习惯。通过耕读的活动,个体得到身体锻炼、心灵放松和与大自然和谐共生的机会,促进身心的健康发展。

第三节　耕读文化的家庭价值

耕读文化不仅强调个体的发展和价值,也注重家庭的价值观和道德传承。在这一节中,将探讨耕读文化如何强调与邻为善、家训家规等道德哲学,以及通过教化群众和淳化民风实现家庭的价值。

(一)耕读文化关注与邻为善

耕读文化强调与邻为善的重要性,意在促进农村社区的和谐发展和共同繁荣。以下详细介绍耕读文化如何强调与邻为善以及与邻共同发展的重要性。

耕读文化鼓励个体与邻居建立和谐友好的关系,认识和尊重彼此。在农村社区中,邻里之间的互助和合作关系对于社区的稳定和繁荣至关重要。耕读文化强调个体之间的互相了解、尊重和信任,通过友善的互动与沟通,建立起紧密的邻里关系。耕读者积极参与社区的公共事务和社会活动,与邻居们共同面对挑战和问题,共同解决困难。他们互相帮助和支持,在日常生活中分享资源和信息,形成了一个互助、友爱的社区网络。这种邻里之间的友好交往不仅能够提升社区的凝聚力和社会和谐度,也能够在面临困难时互相支持和帮助,共同应对各种挑战。通过邻里之间的合作与共融,耕读文化促进了社区的共同发展和繁荣。个体通过参与社区事务,共同制定规章制度,解决问题和制订发展计划。他们共同关心社区的利益和福祉,积极参与社区建设和决策,为社区的繁荣做出贡献。此外,耕读文化也鼓励个体在邻里之间传承农耕技艺和文化传统。通过与邻居分享农业知识和经验,传递技艺和智慧,耕读者促进了农耕文化的传承与发展。他们通过教导和引导邻居们学习农业技能,提升农业生产水平,实现了个体价值与社区发展的有机结合。

耕读文化强调分享和合作的精神。个体在耕读的过程中,能积累丰富的农业知识和经验。耕读文化鼓励个体将这些知识和经验与邻居分享,以促进整个社区的农业发展。个体之间的分享和合作不仅有助于农业生产的改进,还可以提高社区的凝聚力和合作精神。耕读者之间互相借鉴和学习,通过交流农业技术、种植经验和管理方法,共同解决农业生产中的问题。他们共同面对气候变化、病虫害等挑战,通过协作和集体行动,提高农作物的产量和质量。耕读文化也鼓励个体参与社区合作组织,共同推动农业发展和农村经济的繁荣。个体可以共同筹集资源、开展合作经营,共享农业生产成果。他们可以共同投入资金、设备和劳动力,进行规模化种植、市场销售等活动,提高农产品的附加值和市场竞争力。通过分享和合作,个体可以共同享受农业发展的红利。邻居之间的分享和合作建立了互相信任和支持的关系,形成了一个相互帮助、相互促进的社区网络。这种分享和合作精神不仅在农业领域起到重要作用,也能够影响和促进其他社区事务的开展,为社区的整体发展做出积极贡献。

耕读文化注重与邻居共同发展。耕读者认识到社区的发展不是局限于个体,而是需要邻里团结一致共同努力。他们通过合作组织农业合作社、农民专业合作社等形式,共同规划和推动社区的农业产业发展。合作社的成立促进了资源共享和经验交流,实现了农业生产的规模化和专业化。通过合作,个体可以共同投入资金和劳动力,共担农业生产的成本和风险。他们可以共同筹集资金购买先进的农业设备和技术,共同开展农产品的种植、养殖和加工等活动。通过集体行动,他们提高了生产效率,降低了生产成本,增加了农产品的附加值。农村合作社的发展还带动了农村经济的繁荣和农民收入的提高。通过组织农产品的集中销售和市场开拓,合作社为农民提供了更好的销售渠道和价格保障,增加了农产品的销售收入。同时,合作社还提供农业技术咨询、培训和金融支持等服务,帮助农民提升生产技能和管理能力,提高农业效益。耕读文化注重与邻居共同发展的理念,促进了农村社区的整体发展和农民生活水平的提高。通过合作社和合作组织的形式,个体与邻居之间建立了更加紧密的合作关系和互助网络,形成了一个共同发展、共同受益的社区环境。这种共同发展的理念促进了农村经济的繁荣。

(二)耕读文化注重家训家规

耕读文化注重家训家规等道德哲学的传承,通过家庭教育培养出具有良好道德素养的下一代。首先,耕读文化强调家庭是道德观念和价值观念传承的重要场所。在农村社区,家庭扮演着塑造个体道德品质的关键角色。耕读文化鼓励家庭通过制定家训家规等方式,将道德哲学和家庭价值观传承给下一代。家训家规是家族智慧和经验的结晶,包含了对人生、伦理和道德的准则和原则。通过家庭教育的方式,个体能够在家庭环境中接受全面的道德教育,形成正确的价值观念和行为习惯。在耕读文化中,家庭被视为培养道德品质和人格修养的基地。家庭通过言传身教,向子女传递道德观念和家庭价值观。通过故事、谚语、格言等方式,家庭将智慧和经验传承给下一代,教导他们如何为人处世、尊重长辈、关爱他人、勤劳守信等。家训家规的传承不仅是道德教育的重要方式,也是对家族文化的传承和延续。家庭被视为一个温暖的港湾,是个体成长和发展的起点。耕读者重视家庭的凝聚力和亲情关系,注重亲密的家庭交流和共同的家庭活动。家庭的团结和和睦为个体提供了安全感和支持,让个体能够自信地面对生活的挑战。耕读文化也强调社会责任感在家庭中的培养。家庭教育不仅关注个体的自我成长,也注重培养个体对社会的责任和义务。耕读文化倡导个体与邻居互助、关爱他人、积极参与社会公益活动等。家庭教育通过榜样的力量和正确的引导,使个体意识到自己在社会中的角色和责任,培养了对社会的贡献意识。

其次,耕读文化注重家庭教育的内容和方式。家庭教育不仅仅是知识的传递,更重要的是培养个体的品德和行为习惯。耕读文化通过家庭教育培养个体尊重长辈、关爱他人、勤劳守信等良好的品德和道德素养。家庭教育的方式多样,可以通过日常的言传身教、家庭活动和传统节日的庆祝等方式实现道德教育的目的。家庭成员作为道德榜样和引导者,通过自身的行为和言辞,为子女树立正确的道德观念和行为模范。在耕读文化中,家庭教育扮演着重要的角色。家庭是孩子最早接触到的社会环境,也是塑造他们人格和价值观念的关键场所。耕读文化鼓励家庭成员关注子女的成长,以培养良好的品德和道德素养为目标。家庭教育的核心是通过言传身教,以身作则地引导和影响子女的行为和价值观。家庭成员的行为和态度对孩子的道德成长有重要的影响。家庭教育也注重培养子女的自我管理能力和责任感,让他们明白自己的行为对家庭和社会的影响,并为其负责。耕读文化注重家庭活动和传统节日的庆祝。家庭活动和传统节日是家庭成员互动、交流和共享的重要时刻。通过参与家庭活动和庆祝传统节日,个体能够加深对家庭和传统文化的认同感,体验家庭凝聚力和归属感。这些活动也为家庭教育提供了宝贵的机会,家长可以通过讨论、分享故事、解释传统习俗等方式,传递道德观念和家庭价值观。另外,家庭讨论和交流也是耕读文化中重要的家庭教育方式。家庭成员可以定期召开家庭会议,讨论家庭事务、面临的问题等。通过开放的交流和讨论,个体能够表达自己的想法和观点,学会倾听和尊重他人的意见,培养良好的沟通和解决问题的能力。这种家庭交流和讨论的过程,家长可以引导子女思考道德问题、分析伦理困境,帮助他们培养正确的道德判断和决策能力。

最后,耕读文化强调家庭的责任和使命。家庭不仅是个体成长的场所,也是社会的基本单位。耕读文化鼓励家庭在道德教育中承担起教化群众和淳化民风的责任。家庭通过教育子女,传递正确的价值观念和道德准则,培养他们具备良好的品德修养。家庭的道德教育不仅对个体有益,也对整个社会的道德进步和和谐发展具有重要意义。家庭作为社会最基本的单位,承载着传承和传播社会价值观的重要使命。在耕读文化中,家庭被视为道德教育的关键场所,家长在家庭教育中起到了重要的引导和示范作用。他们通过言传身教,向子女传递正确的道德观念和行为准则。家庭成员的行为和态度对孩子的道德成长起着至关重要的影响。家庭通过日常生活中的小事、家训家规的制定和传承,以及对子女的耐心教导和引导,塑造了他们的道德品质和行为习惯。除了对子女的教育,家庭也通过家庭文化的塑造,影响着邻里和社区的道德风尚。良好的家庭道德与邻里之间的友善互助、关爱他人、诚实守信等道德行为息息相关。家庭成员的道德修养和行为模范作用,能够影响邻居之间的互动和社区的整体道德素养。家庭在淳化民风、营造和谐社区氛围方面起着重要的作用,为社会道德的进步和社区的和谐发展做出贡献。

(三)耕读文化强调以身作则

在耕读文化中,教化群众和淳化民风是非常重要的方面。耕读者积极参与社区的公共事务和社会活动,以身作则,成为道德和品德的榜样,引领他人走向正确的道路。

耕读者通过言传身教向社区传递道德观念和价值观。他们以自己的言行举止展示出高尚的品德和正确的价值观念。通过亲身实践,他们向他人传递道德准则,教育和引导他人以正确的方式行事。他们以真实的行动告诉社区成员什么是对的,什么是值得追求的。耕读者在日常生活中坚持诚实、守信、尊重他人等价值观念,成为他人的榜样和引导者。他们努力营造正面的社会氛围,倡导诚信和公平的原则,与邻居和睦相处,解决冲突和问题时秉持公正和善意。通过这些实际行动,耕读者不仅在个人层面上展示出道德的典范,也为社区成员树立起正确的行为准则。耕读者还通过与社区成员的交流和互动,分享道德故事和智慧,启发他人思考和行动。他们以真挚的关怀倾听他人的困难和需求,给予支持和帮助。耕读者通过言传身教向社区传递道德观念和价值观,以自己的言行举止成为道德的典范。通过与社区成员的交流和互动,耕读者激发他人的思考和行动,帮助他人发现自己的价值,并共同追求更高的道德标准和人生目标。他们通过这种教化群众的方式,淳化社区的民风,促进社会的和谐与进步。

耕读者还通过积极参与社区活动和公共事务来培养社区的公德心和社会责任感。他们投身于社区建设、环境保护、扶贫帮困等社会公益事业,用实际行动回馈社会。耕读者带动社区成员共同参与社会活动,促进社区的共同发展和进步。他们通过集体行动,营造了积极向上、团结和谐的社会风气。耕读文化弘扬道德价值观的目的在于提高社会的道德素质和道德观念,以促进社会的发展和进步。通过教化群众和淳化民风,耕读文化塑造了一个充满道德意识和责任感的社会环境。这种积极向上的道德风气将对社会产生深远的影响,激励人们追求道德和品德的卓越,推动整个社会向着更加公正、和谐和文明的方向发展。耕读者以身作则,通过言传身教向社区传递道德观念和价值观。他们积极参与社区活动和公共事务,培养社区的公德心和社会责任感。耕读文化的努力将对社会的道德素质和社会风气产生积极影响,推动社会向着更加公正、和谐和文明的方向迈进。

耕读文化的家庭价值在于强调与邻为善、家训家规等道德哲学的传承,教化群众和淳化民风。通过与邻为善,个体能够建立和谐的邻里关系,形成一个紧密团结的社区。家训家规等道德哲学的传承则培养了家庭成员的道德品质和良好行为习惯。通过教化群众和淳化民风,耕读文化推动社区和整个社会形成积极向上的道德风尚。这些价值观的传承和实践使家庭成为培养道德修养和社会责任感的重要场所,为社会的和谐发展做出了贡献。

第四节 耕读文化的社会价值

在耕读文化中,耕读者深刻领悟到耕作与读书的重要性,将其视为治国平天下的教育智慧。耕读文化注重促进个体的全面发展,并强调个体与社会的相互关系。在这一节中,我们将探讨耕读文化如何通过教育智慧对治国平天下提供宝贵的价值。

(一)耕读文化注重培养社会公德心和责任感

耕读文化注重培养社会公德心和责任感,使个体具备治国平天下的责任感,积极参与社会事务,为社会的发展和进步贡献力量。耕读文化鼓励耕读者通过参与农村社区的公共事务和社会活动,培养社会公德心。他们关注社区的发展,并主动参与社区事务的讨论和决策。他们关心他人的利益和福祉,愿意为社区的共同利益付出努力。通过参与社会事务,耕读者培养了公民意识和社会责任感,成为社区建设和社会进步的积极推动者。耕读者了解社区的需求和问题,并以协作和合作的方式与他人共同解决这些问题。他们积极参与社区的公益活动、志愿者服务和社区组织的建设,为社区提供帮助和支持。耕读文化鼓励个体主动参与社会事务,通过实际行动展现对社区的关心和贡献。耕读者还在社区中发挥带头作用,以身作则,引领他人。他们以正直、公正、诚信的行为树立良好的榜样,促使他人跟随并效仿。耕读者通过自己的言行举止,传递正能量和积极的价值观,影响和激励社区成员积极参与社会事务和公共事业。

耕读文化注重个体对社会的责任和义务。耕读者认识到个体与社会的相互依存关系,明白自己在社会中的责任和义务。他们认识到治国平天下不仅是政府的责任,也是每个个体应承担的责任。他们积极参与社会活动,为社会的发展和改善做出贡献。耕读文化通过教育智慧,激发个体的社会责任感,使他们成为社会的有益成员。耕读者意识到个体的行为和选择会对社会产生影响,因此他们以负责任的态度对待自己的行为。他们遵守法律法规,尊重他人的权益,关心社会的公共利益。耕读文化强调个体的社会责任感,鼓励个体为社会做出积极的贡献,不仅关注自身的利益,也关心社会的公平和发展。耕读文化鼓励个体积极参与社会公益事业和志愿服务,为弱势群体提供帮助和支持。耕读者关注社会的不公平现象和社会问题,努力为解决这些问题贡献自己的力量。他们参与社会组织、慈善机构和公益项目,为社会的发展和改善做出实际行动。

耕读文化强调个体对社会的贡献和奉献。耕读者不仅关注自身的利益,也注重社会的共同利益。他们以个人的努力和智慧为社会做出贡献,推动社会的发展和进步。耕读文化鼓励个体发挥自己的特长和潜能,通过创新和合作,解决社会面临的问题和挑战。他们通过实际行动,为治国平天下贡献自己的力量。耕读者积极参与社会事务和公共事业,为社会的发展和改善贡献自己的智慧和经验。他们参与社会组织、政府机构、非营利组织等,担任志愿者、顾问、领导者等角色,为社会提供专业的意见和建议,推动社会的良性发展。耕读者也在各个领域展示自己的才华,为科学、文化、教育、医疗等领域做出贡献。耕读文化强调个体的创新和合作精神,鼓励个体通过创新思维和合作行动解决社会问题。耕读者积极探索新的方法和途径,运用科技、知识和智慧,提出解决问题的创新方案。他们也愿意与他人合作,汇集各方力量,共同解决社会面临的问题。耕读文化鼓励个体相互学习、相互启发,共同进步,为社会的繁荣和和谐做出贡献。耕读文化鼓励个体发挥创新和合作精神,解决社会问题并促进社会的良性发展。耕读者通过实际行动,为治国平天下贡献自己的力量,共同创造一个更加美好的社会。

耕读文化强调个体对社会的责任和义务,鼓励个体为社会的共同利益而奉献。通过教育智慧,耕读文化塑造了具有社会责任感和奉献精神的耕读者,推动社会向着更加公正、和谐和繁荣的方向迈进。

(二)耕读文化注重人才的培养与选拔

耕读文化注重人才的培养与选拔,特别关注乡村振兴和乡村发展所需的各类人才。耕读文化注重培养具备农业生产、经营、服务等方面专业技能的人才。耕读者通过知识与实践相结合的方式,获得了丰富的农业知识和实践经验。他们掌握了先进的农业技术和管理方法,能够有效地进行农业生产和经营活动。耕读文化鼓励个体通过学习和实践,不断提升自己的专业能力,成为农业领域的专业人才。这些人才在乡村振兴和乡村发展中发挥着重要的作用,推动农业的现代化、高效化和可持续发展。耕读文化倡导个体深入了解农业领域的知识和技术,从土地利用、作物种植、畜牧养殖到农产品加工和销售等方面,全面掌握农业产业链的知识和技能。他们了解不同作物的生长周期、需求和病虫害防治等,能够科学地制订种植计划和农业管理方案。耕读者还学习农产品的加工和质量控制技术,提高产品附加值和市场竞争力。此外,耕读文化鼓励个体参与农村社区的农业合作社、农民专业合作社等组织,通过合作形式共同经营农业产业。通过合作,个体可以共享资源、降低成本,实现农业生产的规模化和效益最大化。耕读文化注重合作伙伴之间的信任、公平和互利,促进社区内农业产业链的协同发展。

耕读文化也注重文化传承和教育推广人才的培养。耕读者通过学习和研究乡土文化、农耕智慧等,保护和弘扬乡土文化,传承乡村传统的智慧和价值观。他们也致力于推广农业知识和技术,通过培训、讲座和指导等形式,向农民群众传授先进的农业知识和实践经验,提高他们的农业生产能力和创新能力。

耕读文化注重培养乡村管理和行政人才,推动乡村振兴。乡村振兴需要具备良好管理和组织能力的人才,因此,耕读文化鼓励培养乡村管理人才,提供他们必要的知识和技能,使他们能够有效地组织和管理乡村事务。这些人才能够带领乡村居民积极参与农村发展,推动乡村的经济、社会和文化建设。耕读文化注重培养乡村管理人才的综合素质和能力,包括领导力、组织能力、决策能力、沟通能力等。耕读者通过学习和实践,掌握了有效管理和领导乡村组织的技能,能够协调各方利益,推动乡村事务的顺利进行。他们了解乡村发展的战略和规划,能够制定合理的发展目标和措施,并有效地组织资源和人力,实现乡村的振兴。耕读文化鼓励乡村管理人才积极参与农村组织的建设和管理。他们可以担任乡村组织的领导职务,负责制定乡村发展战略、协调各项工作,并与政府、企业和社会组织等合作,推动乡村事务的发展和改善。他们也可以担任乡村组织的工作人员,负责具体的项目实施、资源整合和协调等工作,为乡村的发展提供专业的支持和服务。耕读文化注重培养乡村管理人才的创新意识和创业精神。耕读文化鼓励乡村管理人才在乡村发展中提出新的思路和创新方案,推动乡村经济的多元化和特色化发展。耕读文化倡导乡村管理人才具备创业精神,积极开拓乡村资源,挖掘乡村的发展潜力,推动乡村经济的繁荣。

耕读文化注重培养文化传承和教育推广人才,推动文化振兴。耕读文化重视保护和弘扬乡土文化,注重乡土文化的传承和传播。耕读者通过学习和研究乡土文化,成为乡土文化的守护者和传承者。他们深入了解乡土文化的历史、价值和传统,将其融入日常生活和社区活动中。耕读文化鼓励培养具备文化教育和推广能力的人才,通过教育智慧,向社会传递乡土文化的价值和意义。这些人才致力于推动乡土文化的传承与创新,促进文化的多样性和繁荣。他们通过组织各类文化活动,如文艺演出、展览等,让更多的人了解和体验乡土文化。耕读者还积极参与文化遗产的保护与修复工作,努力保护历史遗迹、传统建筑和艺术品,以保留乡土文化的珍贵财富。耕读文化鼓励培养具备文化创新能力的人才,通过将乡土文化与现代社会相结合,推动文化的创新和发展。他们以乡土文化为基础,结合现代科技和艺术形式,创作出具有乡土特色的文化产品和艺术作品。这种创新能力不仅丰富了乡土文化的内涵和表达形式,也为乡村经济的发展和文化产业的兴起提供了新的动力。

总的来说,耕读文化注重人才的培养与选拔,特别关注乡村振兴和乡村发展所需的各类人才。耕读文化通过知识与实践相结合的方式,培养农业生产、经营和服务等方面的专业人才。同时,耕读文化鼓励培养乡村管理和行政人才,推动乡村振兴。此外,耕读文化注重培养文化传承和教育推广人才,推动文化振兴。这些人才将在农村发展和社会进步中发挥重要作用,为治国平天下提供宝贵的教育智慧。

(三)耕读文化注重生态文明建设

耕读文化注重生态文明建设,使耕读者具备环境保护和生态文明建设的意识,通过实践和教育智慧,促进农业可持续发展和生态环境的保护。

耕读文化强调土地的可持续利用。耕读者意识到土地是农业生产的基础,而土地的保护与可持续利用对于农业的发展至关重要。他们注重土地资源的合理利用,采用科学的耕作方式和农业技术,减少对土壤的侵蚀和污染,保持土地的肥沃和健康。耕读文化鼓励个体通过实践和学习,了解土地的特性,根据土地的情况选择合适的农作物和种植方式,以最大限度地发挥土地的生产潜力。耕读者注重土地的轮作和休耕,合理安排农作物的种植顺序,以减少土壤中营养物质的流失,维持土地的肥力。耕读者还注重水资源的合理利用,通过科学的灌溉方法和节水措施,提高水资源的利用效率。此外,耕读文化注重生态农业和绿色发展的理念。耕读者积极推广有机农业和生态农业的种植方式,减少化肥和农药的使用,提倡自然肥料和生物防治方法,以保护土壤生态系统的平衡和多样性。他们注重生态系统的综合管理,通过种植多种植物和保留自然景观,促进生态多样性的恢复和保护。通过积极实践和教育智慧,耕读文化鼓励个体采用可持续的耕作方式,实现农业生产与土地保护的有机结合。耕读者认识到土地的健康和可持续利用对农业生产、环境保护和人类福祉的重要性,努力追求农业的生态化、绿色化和可持续发展。通过这种土地的可持续利用,耕读文化为农业的长期发展和社会的可持续进步提供了重要的智慧和方向。

耕读文化倡导生态农业和绿色发展的理念。耕读者意识到农业活动对生态环境的影响,并积极探索符合生态原则的农业模式。他们采用生态友好的农业技术和方法,减少农药和化肥的使用,推动有机农业和生态农业的发展。耕读文化强调农业生产与生态保护的有机结合。耕读者通过实践和学习,了解生态系统的运作和农业生态的相互关系。他们注重生物多样性的保护,通过种植多种作物和保留自然植被,促进农田生态系统的平衡和稳定。他们也注重土壤的保护,采用轮作制度和有机肥料,提高土壤的肥力和抗病虫害能力。此外,他们合理利用水资源,采取节约措施,减少农业对水资源的消耗和污染。耕读文化通过教育智慧,推动农民转变观念,认识到保护生态环境的重要性。耕读者通过培训和宣传,传递生态农业的理念和技术,引导农民采取可持续的农业实践方法。这种生态农业的推广不仅有助于农业生产的持续发展,还对环境保护和生态平衡具有积极的影响。通过耕读文化的引领和实践,农业生产逐渐朝着更加生态友好和可持续的方向发展。耕读者不仅注重农产品的质量和产量,也注重生态环境的健康和可持续性。他们在实践中不断探索和创新,寻找更好的农业模式和方法,以实现农业的绿色、可持续发展,为人类创造更加美好和可持续的生活环境。

耕读文化强调人与自然的和谐共生。耕读者认识到人类与自然环境的相互依存关系,注重与自然和谐相处。他们尊重自然规律,注重生态平衡和生物多样性的保护。耕读文化通过实践和教育智慧,培养个体对自然环境的敬畏之心,鼓励他们积极参与环境保护活动,为创造一个和谐、健康的生态环境做出贡献。耕读者通过深入了解自然的生态系统和生态原理,认识到人类与自然之间的相互依赖关系。他们注重保护自然资源,如水源、森林和野生动植物等,以维护生态平衡和生物多样性。他们积极参与环境保护活动,如植树造林、湿地保护、野生动物保护等,努力保护和恢复受损的自然生态系统。耕读文化培养个体对自然环境的敬畏之心。通过亲近自然、观察自然,个体深刻体验到大自然的壮丽与生命的奇迹,从而增强对自然的敬畏之情。他们学会倾听自然的声音,领悟自然的智慧,与自然建立起一种亲密而平衡的关系。他们通过行动保护和维护自然环境,以实现人与自然的和谐共生。耕读文化的核心理念是在人类与自然之间建立一种和谐共生的关系。个体通过实践和教育智慧,深入体验和理解自然的力量和价值,从而以敬畏之心对待自然,并以积极的行动保护和改善自然环境。他们追求的是人与自然之间的平衡与共荣,以创造一个可持续、美丽的地球家园。

本章深入探讨了耕读文化的精神内涵与价值传承。耕读文化作为中华民族古老而深厚的教育传统,将农耕与读书相结合,融合了精耕细作、知行合一和天人一体等重要思想。在精耕细作方面,耕读文化强调对土地的细致观察,注重耕作技艺的精湛,培养了劳动精神和专业技能。知行合一是耕读文化的核心理念之一,它强调知识与实践的紧密结合,通过将所学知识与实际操作相结合,真正理解和运用其中的智慧,培养实践能力和创新思维。天人一体是耕读文化追求的境界,它强调人与自然的和谐共生,倡导对自然环境的尊重和保护,促进生态平衡和可持续发展。此外,耕读文化注重个体价值的培养。它通过培养个体的品德和道德观念,提升道德素养,强调个体在耕读中实现自身价值的重要性,并关注个体的身心健康。在家庭价值方面,耕读文化注重与邻为善、家训家规等道德哲学的传承,培养社会责任感和家庭观念,推动社区的共同发展和和谐。耕读文化还具有社会价值,注重人才的培养与选拔,推动乡村振兴、文化振兴和生态文明建设。

总的来说,耕读文化以其独特的古典教育理念和价值观念,为个体的成长和社会的进步提供了重要的智慧和指导。它强调个体的全面发展、家庭价值的传承、社会责任的担当以及生态文明的建设,对于构建和谐社会、实现治国平天下具有重要的意义。

第三章　耕读文化的新时代追求

在新时代的浪潮中,耕读文化以其独特的价值和意义在教育领域中崭露头角。作为中华民族优秀传统文化的瑰宝,耕读文化承载着深厚的历史积淀和智慧,展现出适应时代发展的新追求。

耕读文化强调诚信、勤劳和家庭观念等传统价值观念的培养,注重学生品德修养和道德观念的塑造。同时,耕读文化注重培养学生的实践能力、创新意识以及社会责任感。因此,耕读文化成为培养学生全面素质的有效途径,引领他们适应现代社会的发展需求。

耕读文化还在新农科建设改革发展中扮演着重要角色,通过跨学科综合素养的培养、可持续发展与生态保护理念的培养、乡村产业振兴与创业能力的培养以及社会责任感与乡土情怀的培养等,为学生的成长提供了坚实的基础。

在新时代的追求中,耕读文化能够满足现代社会对人才的需求,培养具有综合素质、创新精神和社会责任感的人才。通过耕读文化的教育实践,我们将培养出更多具有劳动精神、创造力和社会责任感的学子,为实现中华民族伟大复兴的中国梦做出积极贡献。

本章将深入探讨耕读文化在新时代的追求,从不同维度和角度剖析其在教育领域中的意义和作用。我们将探索耕读文化的核心价值观,探讨其在培养学生品德修养、实践能力、创新意识、社会责任感等方面的重要作用。通过对耕读文化的研究和应用,我们将为构建美好的社会和乡村振兴的未来而努力奋斗。让我们一同踏上耕读文化的新征程,开启教育领域的新篇章!

第一节 耕读面临的新时代背景

随着经济社会的快速发展和城市化进程的加快,农村地区面临着新的挑战和机遇。农业生产的现代化、高效化和可持续发展成为当代农业发展的迫切需求。然而,不得不面临一个现实,即"70后"不想种地,"80后"不会种地,"90后"不谈种地。年轻一代对农业的认知和参与度下降,农业劳动力短缺的问题日益突出。在这个新时代背景下,耕读文化迎来了新的挑战和使命,需要从根本上回应农村发展的需求,培养新一代对农业的科学理解、对农村的热爱以及对农民的尊重。

"70后"一代是在改革开放初期成长起来的。这一代人亲眼见证了城市化进程和经济快速发展所带来的变化。相较于农村艰苦的劳作和相对较低的收入,城市提供了更多的机会和优越的生活条件。因此,他们对于从事农业的兴趣和意愿相对较低,更倾向于在城市中追求更好的生活和职业发展。城市化过程中农村劳动力的外流,导致农业劳动力短缺问题逐渐显现。

"80后"一代是中国改革开放的见证者和受益者。他们享受到了前所未有的教育机会和发展平台。然而,由于农村教育资源的不足和城市化的诱惑,"80后"一代缺乏充分的农业知识和技能,对于种地的熟悉程度相对较低。他们更倾向于追求城市的职业和生活方式,进一步加剧了农业劳动力的短缺问题。农村劳动力的减少不仅限制了农业的发展,也对农村社区的生活和经济带来了压力。

"90后"一代则大多在城市中成长,并且对农村和农业的了解相对有限。随着信息技术的普及,他们更加注重个人发展和追求多样化的职业选择。在城市化的潮流下,他们很少有意愿或兴趣从事农业劳动。这使得农村社区面临着年轻劳动力的流失和农业产业的挑战。

这三代人对农业的参与度的降低,使得农业劳动力的供给相对不足,农民的平均年龄不断上升,农业产业面临着人才缺失的问题。这也给乡村振兴和农业现代化带来了困难和障碍。

因此,耕读文化在新时代的背景下,需要积极应对这一挑战,通过教育和培训等方式,激发年轻一代对农业的兴趣和认知。通过推广农业科技、创新农业经营模式,提升农业的吸引力和竞争力,吸引更多年轻人参与农业事业。同时,加强农业教育,培养农业人才,提高农民收入和生活质量,为年轻一代提供更多发展机会和选择,助力乡村振兴战略的实施。

(一)乡村振兴战略的推进

当前,乡村振兴战略被确定为国家发展的重要战略之一。随着经济社会的发展和城市化进程的加快,农村地区面临着人口流出、产业衰退、农业现代化不足等问题,乡村经济发展相对滞后,农民收入水平不断受到限制。为了实现乡村振兴,推动农村经济的繁荣和农民生活质量的提高,加强乡村人才培养和乡村教育发展显得尤为重要。

在新时代的背景下,耕读教育作为农村教育的重要组成部分,承担着推动乡村振兴和促进农村发展的重要任务。乡村振兴战略的实施为耕读教育提供了广阔的舞台,要求耕读教育与时俱进,适应乡村发展的需求,培养适应新时代的农村人才和创新型人才。农业科技人才是农村发展的重要支撑力量。耕读教育应通过系统的科学教育和实践培训,使学生掌握先进的农业科学知识和技术,培养其在农业生产中应对复杂问题和挑战的能力。同时,农村经营管理人才也是推动农村发展的关键因素。耕读教育应注重培养学生的管理意识和能力,使他们具备良好的农业经营管理知识和技能,能够有效组织和管理农业生产、农村合作社等。随着农村经济的转型升级,农产品加工业成为农村发展的重要方向。耕读教育应加强对食品加工、农产品质量安全等的重视,培养学生具备农产品加工的能力,提高农产品的附加值和市场竞争力。

此外,耕读教育还应注重培养农村社会管理人才。乡村振兴战略的实施需要解决农村社会治理中的各种问题。耕读教育应注重培养学生的社会管理意识和能力,培养他们具备乡村社区建设、农村文化传承、农民组织管理等方面的知识和技能,能够有效参与农村社会治理,推动乡村社会的和谐发展。除了专业知识和技能的培养,耕读教育还应注重培养学生的创新意识和实践能力。农村发展需要有创新引领和实践推动的农业人才。耕读教育应鼓励学生勇于探索、敢于创新,在实际农业生产和农村发展中积极实践,培养他们解决问题、创造价值的能力。通过开展创新创业教育和实践活动,耕读教育可以激发学生的创新精神和创业意识,培养他们成为农村发展的中坚力量。

耕读教育应关注农村地区的特殊需求和问题,以应对土地资源利用、农产品质量安全、乡村环境保护等方面的挑战。农村地区的土地资源是农业生产的基础,耕读教育应注重培养学生对土地的合理利用和保护的意识。通过教育和实践,耕读教育可以帮助学生了解土地的重要性,掌握科学的耕作方式和土地保护技术,推动农业生产的可持续发展和土地的健康维护。

同时,耕读教育也应注重培养学生的农产品质量安全意识。农产品质量安全是农业发展和农产品市场竞争力的关键因素。耕读教育应加强对农产品质量安全的重视,使学生了解农产品质量安全的重要性,掌握农业生产和食品加工中的质量控制和安全管理知识。通过培养学生的农产品质量安全意识,耕读教育可以为农产品提供更可靠的质量保障,增强消费者对农产品的信任。

耕读教育还应注重农村社区的社会发展和文化传承。乡村振兴不仅仅是经济的发展,还需要关注社会文化的传承和乡村社区的发展。耕读教育应通过文化教育、社会服务等方式,培养学生对乡土文化的尊重和传承意识。通过学习乡土文化知识和参与文化活动,学生将更加了解和认同自己所在社区的文化传统,为乡村社区的文化传承和乡土特色的保护做出贡献。此外,耕读教育还应鼓励学生积极参与社区建设和社会服务活动,培养他们的社会责任感和公民意识,推动乡村社区的发展和社会进步。

另外,耕读教育需要关注农村人才培养的可持续性。随着城市化进程的加快和农村人口的减少,农村劳动力短缺成为一个突出的问题。耕读教育应注重培养年轻一代对农业的兴趣和意愿,吸引更多的年轻人投身农业领域。通过激发学生的兴趣和热爱,耕读教育可以引导他们了解农业的机遇和发展前景,增强他们从事农业工作的意愿和动力。同时,耕读教育还应加强对农村老年劳动力的培训,帮助他们适应农村经济的发展需求,提高农业生产的效率和质量。

（二）农业现代化的迫切需求

随着经济的快速发展和城市化进程的加快,农业现代化成为农业发展的必然趋势。现代农业需要更多的专业知识和技能,以适应市场需求和提高生产效率。传统的农业方式已经不能满足现代农业的需求,因此,农业现代化迫切需要培养具备现代农业技术和管理能力的人才。

耕读教育作为农村教育的重要组成部分,面临着培养现代农业人才的迫切需求。耕读教育应致力于培养学生的农业科学知识。学生需要学习农业生产的基础理论,如土壤学、植物生理学、作物栽培学等,以了解农业生产的科学原理和技术要点。同时,他们还应学习现代农业技术,如精准农业、智能农业、遗传改良等,以掌握农业生产中的先进技术和方法。此外,耕读教育还应注重培养学生的农业技术技能。学生需要通过实践训练和实验操作,掌握农业生产中的实际技能,如田间管理、种植技术、农产品加工等。他们应学会正确使用农业机械设备,掌握施肥、病虫害防治、灌溉等操作技能,以提高农业生产的效率和质量。此外,耕读教育还应注重培养学生的农业管理能力。学生需要了解农村经济和市场需求,学习农业经营管理的基本原则和方法,如农业生产计划、农产品市场营销、农村合作社管理等。他们应具备农业项目管理、农村发展规划和农业政策分析等能力,以推动农村经济的发展和农业产业的升级。耕读教育还应重视学生的创新能力和实践能力的培养,鼓励他们在农业领域中提出新的观点和创新的解决方案。他们应参与农业科技研究、创业实践和实验课程等活动,提高解决实际问题的能力和创新思维的水平。

农业现代化的迫切需求使得耕读教育面临着培养现代农业人才的任务和挑战。通过注重现代农业知识与技术的传授、创新与实践能力的培养,以及关注农村地区的特殊需求和问题,耕读教育可以为农业现代化发展做出重要贡献,推动农村经济的繁荣和农民生活质量的提高。

（三）新农科建设的迫切需要

在新时代背景下,耕读教育面临着一系列迫切的需求和挑战,其中包括新农科建设的迫切需要。

新农科建设旨在推动农业发展与科技创新的融合。随着科技的不断进步,农业生产面临着日益复杂的问题和挑战。为了应对这些挑战并推动农业的现代化和可持续发展,需要培养更多具备科学研究和创新能力的农业人才。这些人才需要掌握先进的农业科技知识,能够运用科技手段解决农业生产中的问题,并推动农业向更高效、环保、可持续的方向发展。首先,耕读教育应注重学生对农业科技知识的学习和掌握。学生需要了解现代农业科技的发展趋势和应用领域,学习农业科学的基础理论和实践技术。他们应了解农作物的遗传改良、病虫害防治、精准施肥、智能灌溉等先进技术,以及农业生产管理中的信息化和数字化应用。通过系统的课程设置和实践教学,耕读教育可以培养学生运用科技手段解决农业生产中的问题的能力。其次,耕读教育应重视学生的创新能力和科学研究能力的培养。学生应具备批判性思维、问题解决能力和创新意识,能够提出新的研究方向和创新的解决方案。耕读教育可以通过开设研究课程、组织科研实践和创新竞赛等方式,激发学生的科研热情和创新潜力。同时,学生还应培养科学研究的基本方法和实践技能,包括实验设计、数据分析和科学论文撰写等,以提高在农业科技创新领域的竞争力。最后,耕读教育还应注重学生对农业可持续发展的理解和实践。学生应了解生态农业、有机农业、循环农业等可持续农业模式的原理和应用,以及环境保护和资源利用的重要性。耕读教育可以通过开展实践课程、生态农场参观活动和环境保护项目等方式,培养学生的环境意识。

通过适应新农科建设的要求,耕读教育能够为农业发展提供具备科技创新能力的人才,促进农业的现代化和可持续发展。这不仅有助于提高农业生产的效率和质量,还能够推动农村经济的发展,改善农民的生活条件,促进农村社会的繁荣和稳定。

(四)劳动教育的重要性凸显

劳动教育的重要性在当今社会变得更加凸显。随着科技进步和现代化的发展,人们开始重新认识劳动的价值和意义。劳动不仅仅是一种生存手段,更是实现个人价值和社会发展的重要途径。在这一背景下,耕读教育作为一种劳动教育的形式,具有重要的意义和作用。

劳动教育能够培养学生的动手能力和实践能力。通过参与农业生产、农村建设或其他劳动实践活动,学生能够亲身体验劳动的过程,掌握具体的劳动技能。他们学会了种植作物、养殖动物、修建农田、修缮房屋等实际操作,培养了动手动脑的综合能力。劳动教育能够锻炼学生的身体素质、手眼协调能力和解决问题的能力,为他们未来的职业发展打下坚实的基础。

劳动教育能够培养学生的合作意识和团队精神。在劳动实践中,学生往往需要与他人合作,共同完成一项任务或项目。他们学会了分工协作、相互协调和互助合作,培养了团队精神和集体意识。劳动教育能够让学生体验到合作的重要性,懂得团队的力量和协作的价值,为他们今后的社会交往和职场合作提供了宝贵的经验。

劳动教育还能够培养学生的创新精神和实践能力。劳动实践中,学生常常需要面对各种问题和挑战,需要运用自己的智慧和创造力解决问题。通过劳动实践,学生能够培养解决问题的能力、灵活思维和创新意识。他们学会了从实践中总结经验、发现问题并提出改进措施,培养了实践能力和创新能力,为将来的创新创业提供了基础。

劳动教育能够培养学生的价值观和人生观。通过参与劳动实践,学生能够体验到劳动的辛苦与乐趣,以及对他人的帮助和对社会的贡献。劳动教育能够教育学生珍惜劳动成果,尊重他人的劳动,培养正确的价值观和人生观。他们会更加珍惜资源,注重节约和环境保护,树立正确的消费观念和生活态度。

劳动教育在当今社会的重要性日益凸显。它不仅能够培养学生的动手能力、合作意识和创新精神,还能够塑造他们的价值观和人生观。耕读教育作为一种劳动教育的形式,应当注重培养学生的劳动意识和劳动素养,通过实践教学和创新项目,使他们成为具备劳动精神和实践能力的有用之才。这样的教育将有助于学生的综合发展和未来的成功。

在新时代的背景下,耕读教育面临着一系列新的挑战和机遇。首先,应该看到农业劳动力短缺问题日益凸显,这主要是由于年轻一代对农业的兴趣和参与度下降。由于城市化进程的加快和现代生活方式的诱惑,年轻人更倾向于在城市中寻求更好的职业和生活机会,而对农业的兴趣相对较低。这导致了农业产业面临着人才缺失的困境,农民的平均年龄不断上升,农业生产力受到限制。其次,乡村振兴战略的推进使得乡村人才培养和乡村教育发展变得尤为重要。乡村振兴战略旨在实现城乡发展的协调和农村全面发展,为农民提供更好的生活条件和就业机会。在这一背景下,耕读教育作为农村教育的重要组成部分,肩负着培养农业人才、推动农村发展的任务。耕读教育可以培养学生对农业的热爱和认同,激发他们投身农村事业的热情和动力。最后,耕读教育还能提供专业知识和培养实践技能,帮助学生适应农村发展的需求,成为乡村振兴的中坚力量。同时,新农科建设的迫切需要要求耕读教育适应农业现代化和科技创新的要求,培养具备科学研究和创新能力的农业人才。随着科技的进步和创新的推动,农业正面临着越来越多的复杂问题和挑战。为了提高农业生产的效率、质量和可持续性,需要更多具备科学研究和创新能力的农业人才。耕读教育应该注重培养学生的科学思维和创新意识,引导他们了解和应用现代农业科技,掌握农业管理和经营的先进理念和方法。

在新时代的背景下,耕读教育承担着培养现代农业人才、推动乡村振兴和农业现代化的任务。耕读教育需要紧密关注这些新时代的需求和挑战,积极调整教育内容和方法,培养具备农业专业知识、创新能力和劳动精神的新一代农业人才,为农村发展和乡村振兴做出积极贡献。与时俱进的耕读教育,可以培养出更多热爱农村、热爱农业的年轻人,激发他们的创新创业意识,为乡村的繁荣和农业的可持续发展贡献力量。

第二节　耕读蕴含的中华优秀传统基因

中华优秀传统基因是中国文化的重要组成部分,其中包含了丰富的农耕文化和农业智慧。耕读作为一种传统文化形式,承载了中华优秀传统基因的精髓,蕴含着对农业、农村和农民的深刻理解和认识。本节将重点探讨耕读所蕴含的中华优秀传统基因,以及这些基因对当代乡村教育和乡村振兴的意义。

(一)耕读教育传承了中国古代农耕文化的智慧和经验

耕读教育传承了中国古代农耕文化的智慧和经验,这是中华优秀传统基因的重要组成部分。中国农耕文化源远流长,积累了丰富的农业知识和技术。耕读教育以农耕为核心,通过实践和传承,使人们掌握了种植、养殖、农具制作等方面的技能和知识。耕读教育强调农业智慧的传承和创新,将传统的农耕经验与现代科技成果相结合。

1.农耕知识的传承

耕读教育注重农耕知识的传承,通过教学和实践,为学生提供丰富的农耕知识和技能。学生学习种植、养殖、农具制作等方面的技术,深入了解土地、气候、作物和动物等自然要素的相互关系。他们学习如何选择适宜的土壤和作物品种、掌握农作物的种植技巧、合理调控养殖环境等。耕读教育不仅教授学生具体的技术操作,还培养他们的观察能力、分析能力和问题解决能力。耕读教育将传统的农耕经验与现代科技相结合,致力于培养学生运用科学方法和现代技术解决农业生产问题的能力。学生学习现代农业科学知识,了解先进的农业技术和创新的农业管理方法。他们学习如何应用科学研究和技术创新,提高农业生产的效率和质量。耕读教育通过教育智慧,引导学生将传统农耕智慧与现代科技成果相结合,推动农业向更高效、可持续和环保的方向发展。在耕读教育中,学生不仅学习农耕知识和技能,还培养了对农业的热爱和对农民的尊重。他们深入了解农耕文化的价值和农民的劳动精神,树立起敬重农民的意识。耕读教育通过实践活动和农村社区建设,让学生亲身体验农业劳动的辛勤与意义,增强他们的社会责任感和乡土情怀。

2.农业智慧的融合

耕读教育将传统农耕智慧与现代科技成果相融合,旨在培养学生将传统农耕经验与现代科技应用相结合的能力。学生学习传统农耕智慧,如合理利用土地资源、科学耕作、精细管理等。他们了解农民祖辈积累的经验,学习如何根据土壤特性选择适宜的作物品种、利用自然生态循环促进农业发展等。同时,耕读教育也注重学生对现代农业科学、先进农业技术和现代农业管理方法的学习,使他们能够了解和运用最新的科技成果。耕读教育通过教育智慧,引导学生将传统智慧与现代科技相融合,推动农业向更高效、可持续和环保的方向发展。学生学习如何运用现代技术和工具进行农业生产,如利用农业信息技术进行精准农业、应用生物技术提高农产品质量等。他们了解现代农业管理的概念和方法,如精细化管理、绿色农业和循环农业等,通过科技手段提高农业生产效率,减少资源浪费和环境污染。耕读教育的核心在于将传统农耕智慧与现代科技成果相融合,使学生能够继承和发扬传统农耕智慧的优点,并结合现代科技的力量解决农业发展面临的问题。这种融合不仅提升了学生的农业生产能力,也推动了农业的现代化、高效化和可持续发展。同时,这种融合也体现了中华优秀传统基因的独特魅力,为乡村振兴和农业发展注入了新的活力和动力。

3.农耕文化的传承

耕读教育承载着中国古代农耕文化的精髓,通过教学和实践,传承和弘扬了农耕文化的智慧和价值观。学生通过耕读教育,深入了解农民对土地的热爱和敬畏之情,体验农耕文化对社会稳定和乡村发展的重要性。耕读教育注重培养学生对农耕文化的尊重和传承意识。学生通过学习乡土文化和传统农耕智慧,了解农民祖辈积累的经验和知识,如农事典范、节气传统等。他们学习传统的农耕技能,如播种、耕作、收割等,领悟农民在农业生产中的智慧和辛勤劳动。耕读教育还鼓励学生积极参与乡村社区的建设和社会服务活动,使他们能够更好地认同和传承自己所在社区的文化传统。学生通过参与社区文化活动、传统节庆等,深入感受和体验乡土文化的独特魅力,增强对乡土文化的尊重和保护意识。耕读教育也引导学生通过志愿服务等方式,回馈社区,为乡村发展做出贡献。通过耕读教育的传承,学生不仅能够了解和认同乡土文化的价值,还能够将乡土文化与现代农业发展相结合,推动乡村振兴。耕读教育将中华优秀传统基因中的农耕智慧和文化传统传承下来,为乡村发展注入新的活力和动力,同时也促进了中华文化的传承和发展。

通过耕读教育的农耕知识传承,学生不仅掌握了实用的农耕技能,还培养了对农业的理解和热爱。这种传承不仅是对中华优秀传统基因的传承,也为农业现代化和乡村振兴提供了坚实的人才基础。

（二）耕读强调对农村和农民的尊重和关怀

在中国传统文化中，农民被视为国家的根基和农业的中坚力量，农耕被视为一种崇高的劳动。耕读教育传承了这一中华优秀传统基因，通过教育引导学生理解、尊重农村和农民，使他们能够真正关心和关注乡村发展，为农民的利益和福祉负责。

耕读教育致力于让学生深入了解农民辛勤劳动的重要性和农业对国家经济和社会发展的贡献。通过学习和实践，学生能够更加全面地认识到农民是农业生产的主要力量，他们的辛勤劳动是国家粮食安全和农村经济发展的基石。学生学会尊重农民的智慧和经验，欣赏他们对土地的热爱和守护，认识到农民作为食物生产者的重要性。耕读教育通过组织实地考察、农村实践和社区服务等活动，让学生亲身体验农民的生活和劳动。学生参观农田、农村家庭，了解农民的工作环境和生活条件，与农民进行交流和互动。这样的实践活动让学生更加真实地感受到农民的辛勤付出和所面临的挑战和困难。他们从中汲取智慧和勇气，激发对农民的敬意和感激之情。通过这样的学习和实践，学生能够更加深入地理解农民的辛勤劳动所带来的价值和意义。他们将意识到农民是国家粮食安全和农村经济发展的中坚力量，他们为社会做出了巨大贡献。这种认识和体验将激发学生对农业的兴趣和关注，使他们更加珍惜食物、尊重农民，并为农业的发展和乡村振兴贡献自己的力量。耕读教育通过这种方式，让学生从内心深处培养起对农民的敬佩和感恩之情，促进农民和城市居民之间的相互理解和社会和谐。

耕读教育注重培养学生对农村社区的责任感和使命感。通过教育智慧，耕读教育引导学生从社会发展的角度去思考和关注农村问题，使他们认识到农村社区的发展对整个社会的稳定和繁荣具有重要意义。学生了解到农村经济的振兴不仅仅关乎农民的生活质量，更关乎国家的粮食安全和农村社会的稳定。他们明白农村社区的发展离不开各个方面的努力和参与，自觉承担起为农村社区贡献力量的责任。耕读教育通过组织实践活动和社区服务，让学生有机会亲身参与农村社区的建设和发展。学生可以积极参与乡村经济的振兴计划、农产品的推广营销、乡村旅游的开发等实际项目，为农村社区的可持续发展贡献自己的力量。他们了解并关注农村社会的各个方面,如教育、卫生、环境等,通过自己的行动和参与,为改善农村社区的发展状况做出积极贡献。耕读教育还注重培养学生对农村文化的传承和发展的责任感。学生了解和尊重乡土文化,认识到农村社区的文化传承对于乡村振兴和社区凝聚力的重要性。他们通过学习和研究乡土文化,了解农民的智慧、传统技艺和民俗习惯,并通过各种形式的文化活动和传统节日的庆祝,为乡村文化的传承和发展做出贡献。通过耕读教育的培养,学生逐渐形成对农村社区的责任感和使命感。他们意识到自己作为未来的栋梁之材,应该为农村社区的发展和乡村振兴负责任。他们积极参与农村社区的建设和发展,努力为农民的利益和福祉负责,推动农村社区的可持续发展。耕读教育通过这种方式,培养学生对农村社区的责任感和使命感,使他们成为具有社会责任心的公民,为乡村振兴和农村发展贡献自己的力量。

耕读教育注重对农民个体的关怀和支持,旨在帮助他们提升农业生产的效率和质量。通过提供农业科技知识和技能培训,耕读教育使农民能够了解和应用先进的农业技术和方法,以提高农产品的产量和质量。学生通过耕读教育学习科学耕作、农产品加工、农业机械操作等技能,可以与农民共同分享和应用这些技能,帮助他们提高农业生产效益。除了技术支持,耕读教育也鼓励农民参与农业合作社、农民专业合作社等组织形式,以提升农民的组织能力和经营管理水平。耕读教育通过培养学生的团队合作能力和创新思维,鼓励学生与农民合作,共同探索创新的农业经营模式。学生可以与农民共同研究解决生产过程中的难题,共同开展试验和示范项目,共享资源和信息,以促进农业的可持续发展。耕读教育还鼓励学生与农民建立互信和互助的关系,建立起一种共赢的合作模式。学生可以与农民共同制订农业生产计划,共同分担风险和收益,并跟农民分享自己的知识和经验。耕读教育通过这种方式,实现了学生与农民之间的良性互动和互惠合作,为农民的增收和改善生活做出积极贡献。

(三)耕读强调诚信、勤劳和家庭观念等价值观念

耕读强调的诚信、勤劳和家庭观念等价值观念,也是中华优秀传统基因的重要组成部分。耕读教育注重培养学生的品德修养和道德观念,使他们具备诚实守信、勤勉努力的精神,并树立正确的家庭观念。这些传统价值观

念在当代社会仍然具有重要的意义,对于培养学生的良好品质和社会责任感至关重要。

1. 耕读强调诚信

耕读教育注重培养学生的诚信意识和道德价值观,这一价值观念在当代社会仍然具有重要的意义。学生通过耕读教育,能够深刻认识到诚信的重要性,并体验到诚信行为对个人、社会和乡村发展的积极影响。首先,耕读教育通过教育智慧,引导学生树立诚信的核心价值观念。学生认识到诚信是一种宝贵的品德,是社会交往和合作的基石。他们了解到诚信不仅仅是言行一致、守信守约,更是一种道德品质和社会责任。耕读教育通过课堂教学、故事讲解和案例分析等方式,让学生认识到诚信行为对个人发展、人际关系和社会信任的重要影响。其次,耕读教育通过实践活动,培养学生诚信行为的具体能力。学生参与各类实践项目,如农村合作社的管理、农产品销售与交易等,亲身体验到诚信行为在实际生活中的应用。他们学会了诚实守信地与他人交往、履行承诺、尊重他人权益,培养了解决问题的良好方式和态度。通过这些实践活动,学生更加深入地理解了诚信的内涵,并能够将其转化为具体行动。最后,耕读教育注重培养学生在农村发展中的诚信观念。学生了解农村发展需要农民的信任和支持,而诚信行为是建立和维护这种信任的关键。他们学会尊重农民的利益和权益,积极参与农村社区的建设,为农民的增收和农村社区的繁荣贡献力量。耕读教育通过组织学生参与农村社区的建设和社会服务活动,使学生能够实践诚信的价值观念,并体验到诚信行为对农村社区发展的积极影响。

2. 耕读强调勤劳

耕读教育强调勤劳努力的精神,通过让学生参与农耕实践和其他农村劳动活动,培养他们勤奋努力的品质。学生在农耕实践中亲身体验到劳动的辛苦和价值,了解到劳动是获取收获和成就感的途径。他们通过辛勤劳动,亲手耕种和收获农作物,深刻体会到努力付出所带来的回报和成就感。耕读教育通过这种实践方式,激发学生的劳动热情,鼓励他们发挥创造力,培养他们的动手能力和合作精神。在耕读教育中,学生不仅仅是被动地接受知识,更是通过参与农耕实践和农村劳动活动,亲身体验到劳动的重要性和价值。他们学会尊重劳动、珍惜劳动成果,并逐渐形成勤奋努力的品质。

通过与农民一起工作和劳动,学生能够领悟到农民的辛勤付出,从而培养对劳动者的尊重和感激之情。此外,耕读教育还通过实践和培训,激发学生的劳动热情和创造力。学生参与农耕实践和其他农村劳动活动,不仅能培养勤奋努力的品质,还能培养动手能力和合作精神。他们通过亲自动手进行农耕工作,学习农业技能和农业管理知识,提高自己的农业生产能力。同时,耕读教育注重培养学生的创造力,鼓励他们提出创新的农业经营模式和解决问题的方法,为农村发展注入新的活力和动力。

3. 耕读强调家庭观念

耕读教育注重家庭观念的培养,使学生意识到家庭的重要性并学会尊重和关心家庭成员。通过了解和体验农村家庭的生活和价值观念,学生能够深入体会到家庭的温暖、支持和相互依存的特点。耕读教育通过家庭教育和社区活动,培养学生的家庭责任感和关怀意识,使他们明白家庭是个人成长和乡村社区稳定发展的基石。在耕读教育中,学生学会珍惜家庭的温暖和支持。他们通过与农村家庭的交流和互动,了解家庭的重要性以及家庭成员之间的亲情纽带。耕读教育通过引导学生参与家庭活动、家庭务工和家庭农业等实践,让他们亲身体验到家庭成员共同努力、互相扶持的力量。学生从中领悟到家庭的温暖和安全感,懂得珍惜家人的关爱和支持。耕读教育还通过家庭教育和社区活动培养学生的家庭责任感和关怀意识。学生学会关心家人的需求、尊重家庭成员的意见和感受,同时也学会承担家庭中的责任和义务。耕读教育鼓励学生积极参与家庭活动、家庭决策和家务劳动,培养他们的家庭责任感和合作意识。学生通过实践和体验,逐渐认识到家庭的稳定和和谐对个人成长和乡村社区的发展至关重要。耕读教育注重培养学生良好的家庭观念,使他们成为关心家庭、关爱家人的有担当之人。学生在家庭观念的引导下,懂得尊重家庭成员的个性和权益,学会平等相待和理解包容。他们明白家庭是一个温馨的社会单位,家庭的幸福和稳定对个人的成长和乡村社区的发展有着重要的影响。耕读教育通过培养学生正确的家庭观念,努力促进家庭的和谐与乡村社区的稳定发展。

中华优秀传统基因在耕读中得到了传承和发扬。耕读教育通过对中华优秀传统基因的传承和发扬,使学生能够深入了解和领悟中华文化的精髓,培养他们对农业、农村和农民的尊重和关怀。这种传统基因的传承不仅有助于学生的文化自信和身份认同,也为乡村教育和乡村振兴提供了有力的支撑和指引。在当代乡村教育中,耕读教育通过课程设置、教育活动和实践项目,将中华优秀传统基因融入教育过程中。通过学习和实践,学生可以感受到传统文化的魅力和智慧,增强对农村发展的责任感和使命感。同时,耕读教育还注重培养学生的创新精神和实践能力,使他们能够运用传统基因的智慧,创造出适应时代发展需求的新模式和新思路。对于乡村振兴而言,中华优秀传统基因的传承和发扬具有重要意义。乡村振兴不仅需要经济的发展,还需要文化的传承和社会的和谐。耕读教育通过培养学生对乡土文化的尊重和传承意识,以及对农民和农村的关怀和支持,为乡村振兴提供了人才和智力支持,推动乡村的文化建设和社会进步。

第三节　耕读教育是乡村振兴人才的必由之路

在当前乡村振兴战略的背景下,耕读教育被认为是培养乡村振兴人才的不可或缺的路径。乡村振兴旨在实现农业现代化、农村产业振兴、生态文明建设和乡风文明建设,为乡村经济社会的全面发展提供动力和支撑。而耕读教育作为一种特殊形式的农村教育,具有独特的优势和价值,能够培养适应乡村振兴需求的人才,推动农村的发展和进步。耕读教育作为乡村教育的重要组成部分,通过专业知识与技能培养、创新意识与实践能力培养、社会责任感与乡土情怀培养、乡村产业振兴与创业能力培养以及乡村社区管理与治理能力培养等方面的努力,为乡村振兴提供了必要的人才支持。耕读教育培养的学生具备了全面的素质和能力,能够适应农村发展的需求,积极参与乡村振兴的各个领域。他们将成为推动乡村振兴的中坚力量,为实现农业现代化、乡村产业繁荣、生态环境优美和社会和谐稳定贡献自己的力量。通过耕读教育的努力,乡村振兴人才将能够在农业科技创新、乡村产业发展、社区治理和乡村文化传承等方面发挥重要作用。他们将运用所学的专业知识和技能,应对农村发展中的挑战,推动农业现代化进程,提升农业生产的效率和质量。同时,他们将展现创新意识和实践能力,引领乡村创新创业的潮流,为乡村产业振兴注入新的活力。他们将带着乡土情怀和社会责任感,投身于乡村社区的建设和管理,为乡村社区的发展与繁荣贡献自己的智慧和力量。因此,耕读教育作为乡村振兴人才的必由之路,具有不可替代的重要性。通过培养学生的专业知识、创新意识、社会责任感、乡土情怀以及社区管理能力,耕读教育为乡村振兴提供了具备综合素质和能力的人才储备。这些人才将成为乡村振兴的中流砥柱,推动农村经济社会的可持续发展,实现乡村振兴的伟大梦想。

(一)专业知识与技能的培养

专业知识与技能的培养是耕读教育的重要任务之一。耕读教育通过系统的教育培训,致力于使学生掌握先进的农业科学知识、农业技术技能和农业管理能力,为乡村振兴提供具备专业知识的人才支持。

在耕读教育中,学生将接触到农业领域的最新发展。他们学习种植、养殖、农产品加工等方面的知识和技能,了解农业生产的全过程和各个环节的重要性。耕读教育注重增进学生对土地、气候、作物和动物等自然要素的相互关系的理解,使他们能够灵活运用所学知识,应对农业生产中的各种挑战和问题。

同时,耕读教育也重视培养学生的农业管理能力。学生将学习农业经营管理的理论和实践操作,了解农业市场的运作机制、农产品质量安全的管理要求以及农业企业的经营策略等。通过课堂教学、实践操作和实地考察,学生将获得实际操作和管理农业企业所需的技能和经验。

耕读教育还注重培养学生的科学研究能力。学生将接触科学研究的方法和技巧,学习科学实验设计和数据分析的基本原则,培养批判性思维和问题解决能力。他们将有机会参与科研项目,开展实验和调查研究,为农业领域的创新和发展贡献自己的力量。

通过专业知识与技能的培养,耕读教育为乡村振兴提供了具备专业知识的人才支持。这些受过系统培训的学生将成为农村发展的中坚力量,能够运用先进的农业科学知识和技术,提高农业生产的效率和质量,推动农村经济的发展,为乡村振兴战略的实施做出积极贡献。

（二）创新意识与实践能力的培养

创新意识与实践能力的培养是耕读教育的另一个重要方面。耕读教育注重培养学生的创新意识，激发他们对于农业领域的创新和发展的热情。学生通过参与科技创新项目、实践活动和创业实践，培养了解决实际问题和推动农业创新的能力。

在耕读教育中，学生将有机会参与科技创新项目。他们将学习科学研究的基本原理和方法，了解创新的思维方式和过程。通过自主选题、设计实验和数据分析，学生将培养批判性思维和问题解决能力，培养勇于尝试新方法和新技术的勇气和能力。

此外，耕读教育还通过实践活动和创业实践，让学生亲身体验和实践农业创新。学生将有机会参观农业科技示范园、农业企业和创业孵化基地，了解农业科技的最新应用和农业创业的实际情况。他们将与企业家、科技专家和农民进行交流和合作，了解创业的机会和挑战，培养创新思维和创业意识。

通过创新意识与实践能力的培养，耕读教育为乡村振兴注入了创新的动力。具备创新意识和实践能力的人才将成为农村发展的先行者和推动者，他们能够积极应用科技成果，开拓农业发展的新领域，提出解决实际问题的创新方案，为乡村振兴战略的实施做出重要贡献。

通过专业知识与技能的培养和创新意识与实践能力的培养，耕读教育为乡村振兴人才的培养提供了必要的路径和支持。这些经过耕读教育培养的人才将成为乡村振兴的中坚力量，能够应对乡村发展的各种挑战，推动农业现代化、农村经济的发展，并为乡村社会的繁荣做出积极贡献。

（三）社会责任感与乡土情怀的培养

社会责任感与乡土情怀的培养是耕读教育的重要任务之一。耕读教育注重培养学生的社会责任感，使他们意识到自己作为乡村振兴的一分子，应该为乡村的发展和社会的进步负责任。学生通过参与文化教育和社会服务等活动，了解并认同自己所在社区的文化传统，增强对乡土文化的情感认同。

在耕读教育中,学生将接触到丰富的乡土文化和传统价值观念。他们将学习乡村的历史和文化背景,了解乡土文化的独特之处和价值。通过文化教育的方式,学生将学会尊重和传承乡土文化,体现对乡村的情感认同,并将其融入自己的行为和生活中。

此外,耕读教育通过组织社会服务活动,引导学生积极参与社区建设和社会服务。学生将有机会参与农村社区的实际问题解决和改善,如环境保护、文化传承、农村教育支持等方面。通过社会服务的实践,学生将了解社会的需求和挑战,培养解决问题的良好方式和态度。

通过社会责任感与乡土情怀的培养,耕读教育为乡村振兴培养了有责任感和使命感的人才。这些学生将意识到自己是乡村振兴的中坚力量,积极为乡村的发展贡献力量。他们将通过自己的行动和努力,推动乡村社会的进步,为乡村振兴战略的实施做出积极贡献。

耕读教育通过培养学生的专业知识与技能、创新意识与实践能力以及社会责任感与乡土情怀,为乡村振兴人才的培养提供了必要的路径和支持。这些经过耕读教育培养的人才将成为乡村振兴的中坚力量,能够应对乡村发展的各种挑战,推动农业现代化、农村经济的发展,并为乡村社会的繁荣做出积极贡献。他们将以扎实的专业知识和技能为乡村振兴提供支持,以创新意识和实践能力推动农业的发展和改革,以社会责任感和乡土情怀关注农村社区的发展和乡土文化的传承。这些具备综合素质和有高度社会责任感的人才,将成为乡村振兴战略实施的中坚力量,为乡村的可持续发展做出积极贡献。

通过专业知识与技能的培养、创新意识与实践能力的培养以及社会责任感与乡土情怀的培养,耕读教育为乡村振兴人才的培养提供了全面的教育和培训。这些人才将成为乡村振兴的中坚力量,引领乡村的发展和繁荣。他们将以自己的专业能力和社会责任感,为乡村振兴贡献智慧和力量,推动农业的现代化、农村经济的发展、社会的进步和文化的传承。他们将成为新时代乡村振兴的生力军,为构建美丽乡村、实现乡村全面振兴的目标而不懈努力。

（四）乡村产业振兴与创业能力的培养

耕读教育注重培养学生的创业意识和乡村产业振兴的意识，使他们认识到乡村产业振兴对乡村经济的发展和农民收入增长的重要性。学生通过学习农业产业链的运作、农产品加工技术以及市场营销等知识，掌握农村产业发展的核心要素。

耕读教育通过实践和创新的教育模式，培养学生的创业能力和创新精神。学生通过与农民合作，共同探索创新的农业经营模式和乡村产业发展策略。他们学会分析市场需求，把握乡村资源优势，制定科学的发展规划，并运用创新的思维和方法解决实际问题。通过耕读教育的培养，学生具备了在乡村产业振兴中开展创业的能力和勇气。

耕读教育注重培养学生的实践能力和市场意识。学生通过参与实际的农业生产、加工和销售活动，了解乡村产业的运作和市场需求。他们学会将理论知识应用于实践，掌握市场营销的技巧，提高农产品的附加值和竞争力。耕读教育通过提供实践机会和创业平台，培养学生的创业精神和实践能力，为乡村产业振兴培养了具备创新思维和创业能力的人才。

通过乡村产业振兴与创业能力的培养，耕读教育为乡村振兴提供了具备创业精神和实践能力的人才支持。这些人才将成为乡村产业振兴的中坚力量，推动农业的现代化和农村经济的发展。他们将通过创新的经营模式、优质的农产品和精细化的管理，提高农村产业的附加值和市场竞争力，为乡村经济的繁荣和社会的进步做出积极贡献。

（五）乡村社区管理与治理能力的培养

乡村社区管理与治理能力的培养是耕读教育的重要内容之一。耕读教育注重增进学生对乡村社区管理和治理的认识和理解，使他们了解乡村社区的组织结构、职能和运作方式。学生学习社会管理知识、法律法规等，掌握社区管理和治理的基本方法和技能。

耕读教育通过组织社区实践活动，让学生亲身参与乡村社区的管理与治理，体验社区组织的运作和决策过程。学生可以参与社区事务的讨论、组织活动的策划和实施，了解社区居民的需求和利益，探索解决社区问题的途径和方法。在实践中,学生培养了协调沟通、决策分析、问题解决等能力,提高了乡村社区管理与治理的素质和能力。

耕读教育强调学生的社会责任感和参与意识,鼓励他们积极参与社区事务,为乡村振兴贡献智慧和力量。学生学会关心社区居民的利益和福祉,主动参与社区建设和服务活动,促进社区的和谐发展。耕读教育通过社会实践和社区服务,培养学生的公民意识和社会责任感,使他们成为有社会担当的乡村振兴人才。

通过乡村社区管理与治理能力的培养,耕读教育为乡村振兴提供了具备管理能力和社会参与能力的人才支持。这些人才将在乡村社区的管理和治理中发挥重要作用,促进社区的发展和乡村的进步。他们将通过提供公共服务、组织社区活动、解决社区问题等方面的努力,推动乡村社区的发展,增强社区居民的获得感和幸福感,为乡村振兴做出积极贡献。

耕读教育作为乡村教育的重要组成部分,通过专业知识与技能的培养、创新意识与实践能力的培养、社会责任感与乡土情怀的培养、乡村产业振兴与创业能力的培养以及乡村社区管理与治理能力的培养,为乡村振兴提供了必不可少的人才支持。耕读教育的实施将培养更多具备专业知识、创新能力和社会责任感的乡村振兴人才,助力乡村振兴战略的实施,促进乡村的发展和繁荣。

第四节　耕读教育是新农科建设改革发展的方向

耕读教育作为新农科建设改革发展的方向,以其独特的教育理念和实践模式,为推动农业现代化、促进乡村振兴发挥着重要作用。新农科建设是以科技创新为核心、以农业现代化为目标的改革和发展战略,而耕读教育则紧密结合了农业科技和传统农耕智慧,注重培养学生的综合素养、实践能力和创新意识,以适应现代农业发展的需求。

在新农科建设的背景下,耕读教育致力于为农业领域培养具备科学研究能力、创新意识和实践能力的人才。通过传承农耕文化智慧、强调科学知识与技术的培养、注重实践能力与职业素养的培养等方面的教育方法,耕读教育为学生提供了适应农业现代化和可持续发展的必要条件。

在本节中,我们将探讨耕读教育在新农科建设改革发展中的关键角色。我们将重点关注耕读教育在培养学生的科学研究与创新能力、跨学科综合素养、实践能力与职业素养、可持续发展与生态保护理念以及乡村产业振兴与创业能力等方面的重要贡献。通过详细的论述和案例分析,我们将全面展示耕读教育在新农科建设中的优势和意义,进一步凸显其在推动农业发展、促进乡村振兴方面的不可或缺的作用。

随着农业现代化的进程不断推进,耕读教育将继续引领农业教育的创新发展,为新农科建设和乡村振兴提供源源不断的人才支持。通过培养具备综合素质和社会责任感的人才,耕读教育将为实现农业现代化的目标、推动农业产业的转型升级、促进农村经济社会的可持续发展做出积极贡献。

(一)科学研究与创新能力的培养

科学研究与创新能力的培养是耕读教育的重要方向之一。耕读教育致力于培养学生的科学研究能力和创新意识,以推动农业科技的发展和乡村振兴的进步。以下是详细的描述:

耕读教育确保学生与最新的农业科技知识和研究成果保持接触。通过引入前沿的科技文献、专家讲座、学术研讨会等形式,学生可以了解到当今农业领域的最新发展和科技进展。这使学生具备跟上行业发展脉搏的能力,并为他们提供了参与科学研究的基础。

耕读教育通过开展科技创新项目和实验研究,培养学生的科学思维和创新能力。学生将参与实际的科研项目,运用所学知识和技能,通过实验和调查研究解决现实农业问题。这种实践性的学习体验不仅提升了学生的实际操作能力,还培养了他们的创新意识和解决问题的能力。

耕读教育为学生提供实践和创新的平台,包括农场实习、农业技术展示、科技创业比赛等活动。通过这些平台,学生有机会将所学的知识和技能应用于实际情境中,解决实际问题,并与相关专业人士和创新者进行交流和合作。这样的实践和创新机会激发了学生的创造力和创新精神,培养了他们在农业科技领域中的领导力和影响力。

耕读教育鼓励学生积极探索和解决农业领域的难题。通过引导学生关注当前农业发展中的挑战和问题,耕读教育促使学生思考并提出解决方案。学生将运用科学的方法和创造性的思维,为乡村振兴和农业科技发展贡献自己的智慧。

通过科学研究与创业能力的培养,学生能够更好地理解和应用农业科技知识,掌握科学研究的方法和技巧,并具备创新思维和解决问题的能力。他们将成为推动农业科技进步、实现乡村振兴的中坚力量。

(二)跨学科综合素养的培养

跨学科综合素养的培养是耕读教育的关键目标之一。在乡村振兴的过程中,需要综合运用多个学科领域的知识和技能,以应对复杂的挑战和问题。耕读教育通过跨学科的教学方法和综合性的课程设置,培养学生的跨学科综合素养,使他们能够综合运用各个学科的知识和技能,解决实际问题。

跨学科教学方法是耕读教育的重要手段之一。通过将不同学科的知识和概念有机地结合起来,耕读教育使学生能够从多个学科的角度来理解和解决问题。在农业领域中,学生将学习农业科学、经济管理、社会科学等多个学科的知识,并通过案例研究、小组讨论和实践活动等形式,将这些学科知识应用于实际情境中。

耕读教育还注重综合性课程设置,将多个学科的内容有机地融合在一起。这些综合性课程不仅传授学科知识,还培养学生的综合应用能力和综合分析能力。学生学习如何将各个学科的理论知识应用于实际问题,培养解决问题的综合思维和创新能力。

跨学科合作与交流是耕读教育的重要组成部分。耕读教育鼓励学生进行跨学科合作与交流,与来自不同学科背景的同学合作,共同探索和解决问题。通过跨学科合作,学生能够借鉴和融合不同学科的观点和方法,拓宽自己的思维和视野,培养解决问题的综合能力。

实践与案例分析是耕读教育的重要组成部分。学生将参与实践活动和案例研究,通过实际操作和实地考察,深入了解乡村振兴中的实际情况和问题。他们将从不同学科的角度分析和解决这些问题,培养综合应用学科知识的能力。

通过跨学科综合素养的培养,耕读教育使学生能够综合运用多个学科领域的知识和技能,解决复杂的乡村振兴问题。学生将成为具备综合能力和创新思维的人才,为乡村振兴的持续发展做出贡献。

(三)实践能力与职业素养的培养

耕读教育通过组织实践活动,让学生亲身参与农业生产和经营的实践,从而锻炼他们的实际操作能力和团队合作能力。学生将学习如何种植作物、养殖动物、进行农产品加工等实际技能,并在实践中不断积累经验和提升能力。

耕读教育注重培养学生的职业素养,使他们具备良好的职业道德和工作态度。学生将学习职业道德的重要性,如诚实守信、勤勉努力、尊重他人等,以及如何与他人进行有效的沟通和合作。耕读教育还注重培养学生的工作态度,如积极主动、责任心强等,使他们能够胜任农业领域的各项工作。在实践活动中,学生将学会分析和解决实际问题,锻炼自己的决策能力和问题解决能力。他们将与农民合作,共同面对农业生产和经营中的挑战和困难,通过团队合作和协作解决问题,培养团队意识和合作精神。

通过实践能力的培养,耕读教育使学生能够将学到的知识和技能应用于实际情境中,培养他们的实践操作能力和创新能力。学生将通过参与实际的农业生产和经营,理解农业的复杂性和挑战性,并学会灵活应对不同情况和问题。职业素养的培养使学生具备正确的职业态度和职业行为。他们将学会尊重职业,对工作负责并保持良好的职业形象。学生将养成自律、自信和积极进取的职业态度,为乡村振兴事业做出积极贡献。

通过实践能力与职业素养的培养,耕读教育为学生的职业发展奠定了坚实的基础。学生将成为具备实践经验和职业素养的农业人才,为乡村振兴事业提供专业技术支持和领导力量。

(四)可持续发展与生态保护理念的培养

耕读教育通过教育智慧,引导学生认识到可持续发展的重要性,即在满足当前需求的同时,也要考虑到未来时代的需求。学生将学习如何在农业生产中合理利用资源、保护环境和恢复生态,以确保农业的可持续发展和乡村的可持续繁荣。

在耕读教育中,学生将学习环境保护的方法,了解自然资源的重要性以及人类与自然的相互依存关系。他们将学会如何保护土地、水资源和生物多样性,以及如何减少农业对环境的负面影响。学生还将学习关于可持续农业的理念,如有机农业、生态农业和循环农业等,以减少化学农药和化肥的使用,保护土壤质量,提高农产品的质量和安全性。

耕读教育通过组织实践活动和参观考察,让学生亲身体验生态环境的脆弱性和可持续发展的重要性。学生将参与农田生态系统的观察和保护,了解生物多样性对农业生产的重要性,并学习如何促进生态系统的恢复和平衡。耕读教育还注重培养学生的创新意识,鼓励他们寻找可持续农业发展的创新解决方案。学生将学习关于节能减排、资源循环利用和新兴农业技术的知识,以推动农业向着更加环保、高效和可持续的方向发展。

通过可持续发展与生态保护理念的培养,耕读教育培养出具备环境意识和可持续思维的农业人才,他们将成为农业领域的领导者和实践者,为乡村振兴事业的生态可持续发展做出积极贡献。

(五)乡村产业振兴与创业能力的培养

耕读教育注重培养学生的创业能力和乡村产业振兴的意识,以推动农村地区经济的发展和乡村振兴的进程。学生将通过学习农业产业链的运作和农产品加工等技能,了解乡村产业振兴的重要性以及乡村产业的发展模式。

耕读教育为学生提供了实践和创新的平台,鼓励学生与农民合作,共同探索创新的农业经营模式和乡村产业发展策略。学生将学习如何开展农业创业,包括市场调研、商业计划编制、资源整合和市场营销等方面的知识和技能。耕读教育通过组织实践活动和创业项目,让学生亲身体验农业创业的过程,培养他们的创新精神和实践能力。

学生将学会分析农村地区的产业结构和发展潜力,寻找乡村产业振兴的创新机会。他们将了解到乡村产业的多样性,如农产品加工、乡村旅游、农村电商等,以及与乡村振兴相关的领域,如农业科技、农业服务和农村金融等。耕读教育将鼓励学生运用创业精神和实践能力,发展具有竞争力和可持续性的乡村产业,为乡村振兴贡献力量。

通过乡村产业振兴与创业能力的培养,耕读教育培养出具备创新思维和实践能力的农业人才,他们将成为乡村产业发展的引领者和实践者。他们将运用所学的知识和技能,积极参与乡村产业的发展,推动农村经济的增长和乡村振兴的全面实现。

(六)社会责任感与乡土情怀的培养

耕读教育注重培养学生的社会责任感和乡土情怀,这是乡村振兴所必需的。通过文化教育和社会服务等途径,学生将深入了解并认同自己所在社区的文化传统和历史背景。他们将学习乡村的价值观念、道德规范和社会行为准则,并将这些知识与实践相结合,培养出积极参与社区建设和社会服务的意识和能力。

耕读教育通过智慧的教育引导,培养学生树立正确的道德观念和价值观,使他们具备解决问题的良好方式和态度。学生将学习如何面对挑战、解决冲突、推动社区发展等,从而为乡村振兴贡献自己的力量。他们将发展出具备社会责任感和乡土情怀的品质,深刻认识到自己在乡村振兴中的责任和使命。

通过实践和亲身体验,学生将更深刻地理解自己在乡村振兴中承担的责任和使命。他们将参与乡村社区的管理与治理,学习如何合理规划资源、改善基础设施、促进社区发展。耕读教育将通过组织实践活动和社区参与项目,让学生亲身体验乡村社区的管理与治理,培养他们的领导力和团队合作能力。学生将学会通过合作与协商解决问题,推动乡村社区的可持续发展。

耕读教育注重培养学生的社会责任感和乡土情怀,使他们成为乡村振兴的积极参与者和推动者。他们将凭借自己的知识、技能和价值观念,为社区的发展做出贡献,并为乡村振兴的目标不断努力。他们将关心乡村民生、关注社会公益、推动社区的可持续发展,成为乡村社区的中坚力量和社会责任的典范。

耕读教育作为新农科建设改革发展的方向,不仅承载着培养农业人才的重要使命,也展示了中华优秀传统基因在农村教育中的重要价值。通过注重科学研究与创新能力的培养、跨学科综合素养的培养、实践能力与职业素养的培养、可持续发展与生态保护理念的培养和乡村产业振兴与创业能力的培养等方面的教育实践,耕读教育为农业现代化和乡村振兴提供了重要的人才支持和智力支持。

在新农科建设的大背景下,耕读教育以其独特的教育理念和实践模式,培养了一批具备农业科学知识、创新意识和实践能力的人才,为推动农业的现代化、促进乡村经济社会的可持续发展做出了积极贡献。耕读教育通过传承中华优秀传统基因,强调诚信、勤劳、家庭观念等价值观念的培养,塑造了一支有社会责任感和乡土情怀的人才队伍。

然而,新农科建设和乡村振兴仍面临着许多挑战和困难,需要全社会的共同努力。在未来,耕读教育需要继续加强创新和改革,不断更新教育理念和方法,适应农业发展的新需求;同时,也需要加强与农业科研机构、农业企业和农民的合作,构建更多的实践平台和交流合作机制,推动农业科技的创新应用和经验的共享。

通过共同努力,耕读教育将继续为新农科建设和乡村振兴贡献力量。它将培养更多具备综合素质、创新精神和社会责任感的农业人才,推动农业向着更高效、可持续和环保的方向发展。耕读教育的成果将为乡村振兴注入新的活力和动力。

第五节　耕读教育是劳动教育的有效方式

劳动教育在当今社会中变得越发重要,它不仅仅是一种传统的教育方式,更是培养学生全面发展的必要途径。而在众多劳动教育形式中,耕读教育作为一种具有独特优势和特色的方式,日益凸显其在培养学生的实践能力、价值观和综合素养方面的有效性。耕读教育以劳动为核心,通过实际参与农业生产、体验乡村社区服务以及开展创新性项目等活动,激发学生的劳动意识和创造力,培养他们的实际操作技能和团队合作精神。同时,耕读教育注重培养学生正确的劳动价值观,使他们深刻认识到劳动的重要性和对个人、社会的意义。在这样的教育环境中,学生能够全面发展自己,形成职业素养和社会责任感。本节将详细探讨耕读教育在劳动教育中的独特作用，以及它如何为学生的成长和社会发展做出积极贡献。

(一)实践导向

实践导向是耕读教育中的一个重要特点，它通过让学生亲身参与实际的劳动活动，深入了解和体验劳动的本质和价值。通过实地劳动、农业生产和农村社区服务等活动，学生有机会亲自动手，亲身感受劳动所带来的辛劳和成果。这种实践导向的教学模式可以有效增强学生的动手能力和实际操作技能。

在实践中，学生不仅可以学到理论知识，更能够将所学知识应用到实际生活中，理解知识的实际意义和应用场景。通过实践，学生能够从实际问题中发现并解决困难，提升自己的问题解决能力和创新思维。同时，实践还能培养学生的观察能力、分析能力和团队合作精神，让他们学会在实际情境中与他人合作，共同完成任务。

实践导向的教学模式还可以帮助学生更好地理解劳动的本质和价值。通过亲身参与劳动活动，学生能够切身体验到劳动所带来的辛劳、付出和成就感。他们将会认识到劳动是一种创造性和有意义的活动，不仅仅是为了满足物质需求，更是实现个人价值和为社会做贡献的重要途径。

实践导向的耕读教育不仅仅是简单的观察和学习，更注重学生的主动参与和亲身实践。通过实践，学生能够更深入地了解农耕文化、农业生产和乡村社区的现实情况，增进对劳动的认识和理解。他们将更加珍惜劳动的价值，树立正确的劳动观念，为将来的职业生涯和社会责任做好充分的准备。

因此，实践导向是耕读教育作为劳动教育的有效方式的重要体现。通过实地参与和亲身体验，学生能够深入了解劳动的本质和价值，提升动手能力和实际操作技能，并形成正确的劳动观念和价值观，为未来的发展和社会责任做好充分准备。

(二)劳动技能的培养

耕读教育通过系的教学和实践活动，致力于培养学生在农业领域的劳动技能。学生将学习种植、养殖、农具制作等方面的实际操作技能,掌握农业生产的基本技术和方法。

在耕读教育中,学生不仅学习理论知识,更重要的是将所学知识应用到实际的劳动活动中。通过参与农耕实践、农业生产和农村社区服务等活动,学生得以亲自动手,实践所学,掌握劳动技能。他们将学会耕种作物、养殖动物、制作农具等实际操作技能,提升解决实际问题的能力。

耕读教育注重培养学生勤劳努力和坚持不懈的品质。通过劳动实践,学生深入体验劳动的辛勤和耐心,理解劳动需要坚持不懈的付出。他们将学会在面对困难和挑战时,勇于迎接并坚持努力,不轻言放弃。这种坚持不懈的品质将成为他们在劳动和生活中取得成功的重要支撑。

劳动技能培养不仅仅是为了让学生获得实际操作能力,更重要的是培养他们的自信心和自主性。通过劳动实践,学生能够感受到自己付出努力后所取得的成果,增强自信心。他们将学会独立思考、自主决策,并在实践中不断提升自己的劳动技能和水平。

劳动技能培养也是培养学生终身学习能力的重要途径之一。通过实践中的劳动活动,学生将培养持续学习的意识和习惯,不断更新自己的知识和技能。他们将学会从实践中不断总结经验和教训,不断提升自己的劳动技能,为未来的职业生涯和个人发展打下坚实基础。

因此,劳动技能培养是耕读教育作为劳动教育的有效方式的关键所在。通过系统的教学和实践活动,学生将掌握农业领域的实际操作技能,培养勤劳努力和坚持不懈的品质,提升自信心和自主性,同时也培养了持续学习的能力,为未来的成功和个人发展奠定坚实的基础。

(三)劳动意识的培养

耕读教育通过让学生亲身参与劳动活动,让他们亲自体验劳动的辛苦和付出的价值,从而增进他们对劳动的认识和理解。

在耕读教育中,学生不仅仅是被动教育(passively taught),也是积极参与者(active participants)。他们亲身参与种植、养殖、农具制作等实际劳动活动,在实践中感受到劳动的辛苦和耐心,了解到劳动需要付出持久的努力。

通过劳动实践,学生逐渐形成对劳动的尊重和敬意。他们意识到劳动不仅仅是为了满足自身的需求,更是社会发展和乡村振兴的基石。他们认识到劳动对个人成长和社会进步的重要性,从而形成了对劳动的积极态度。

劳动意识的培养有助于学生树立正确的价值观。通过劳动实践,学生能够体验到劳动的辛苦和付出的价值,从而认识到劳动是一种尊贵的活动,具有社会和个人意义。他们将认识到劳动不仅仅是为了个人利益,更是为了社会的繁荣和乡村的振兴。

劳动意识的培养还有助于培养学生的勤劳努力和奋发向上的精神。通过劳动实践,学生将体验到努力付出所带来的成果和收获。他们将学会通过劳动实现个人价值,培养勤劳努力、不怕辛苦的品质,激发奋斗精神,为自己的人生目标不断努力。

因此,耕读教育通过让学生亲身参与劳动活动,增进他们对劳动的认识和理解,形成对劳动的尊重和敬意。这种劳动意识的培养有助于学生树立正确的价值观,培养勤劳努力和奋发向上的精神,为个人的成长和社会的进步做出积极贡献。

(四)创造力的培养

耕读教育注重培养学生的创造力,特别是在劳动实践中。学生参与农业生产和社区服务等实际活动时,面对各种问题和挑战,他们需要发挥创造力,提出创新的解决方案。

耕读教育鼓励学生在劳动实践中运用自己的智慧和创造力,思考如何提高农业生产效率、改善农产品质量、解决环境问题等。学生们积极尝试新的方法、新的技术,勇于创新,为乡村振兴提供创造性的解决方案。

通过劳动实践,学生们培养了独立思考和解决问题的能力。他们学会从不同角度思考问题,勇于提出自己的想法和观点。他们接触到实际问题,面对挑战,需要通过创造性的思维和行动找到解决方案。

耕读教育提供了一个创造性的环境和平台,激发学生的创造力。学生们在劳动实践中可以自由地表达自己的想法和创意,受到鼓励和支持。他们有机会尝试不同的方法和方案,发挥个人的创造力,从而培养了创新思维和创造力。

创造力的培养不仅对个人发展有益,也对乡村振兴和社会进步具有重要意义。通过创新的劳动实践,学生提出的创造性解决方案可以提高农业生产效率、推动农村产业发展、促进农民增收等。他们的创造力为乡村振兴注入了新的活力和动力。

因此,耕读教育通过鼓励学生在劳动实践中发挥创造力,培养他们的独立思考和解决问题的能力。学生们面对实际问题,积极尝试创新的方法和解决方案,不断提升自己的创造力。这种创造力的培养不仅有助于个人的成长,也为乡村振兴提供了宝贵的人才和智慧资源。

(五)团队合作精神的培养

耕读教育重视培养学生的团队合作精神,尤其是在劳动实践中。学生参与农业生产和社区服务等实际活动时,需要与同伴紧密合作,共同完成任务和面对挑战。

在团队合作中,学生学会倾听他人意见、尊重不同观点,并学会与团队成员有效地沟通和协调。他们认识到每个人的贡献对于整个团队的成功至关重要,懂得如何在团队中发挥自己的长处,同时也乐于为团队的目标付出努力。通过团队合作,学生培养了合作精神和团队意识。他们学会相互倾听、互相支持和尊重。学生们认识到团队的力量可以超越个人能力,通过协作和合作实现更大的成就。

耕读教育通过组织学生参与团队活动和实践项目,培养他们的团队合作能力。学生们学会分工合作、协调配合,解决问题并取得共同的成果。他们体验到团队协作的价值和乐趣,懂得通过团队合作共同追求目标的重要性。团队合作意识的培养不仅对个人发展有益,也对乡村振兴和社会发展具有重要意义。在乡村振兴过程中,需要各方面的资源和力量的集合,团队合作可以促进资源的优化配置和协同作用。学生们培养的团队合作精神为乡村振兴提供了协同合作的力量和智慧。

因此,耕读教育注重学生在劳动实践中的团队合作,培养他们的合作精神和团队意识。学生们通过团队合作的经验,学会了与他人协作、相互支持和尊重,培养了在团队中发挥自己的作用的能力。这种团队合作精神的培养不仅有助于个人的成长,也为乡村振兴提供了团结协作的人才和智慧资源。

(六)劳动价值观的培养

耕读教育非常重视学生价值观的培养,特别是劳动价值观。通过参与劳动实践,学生亲身体验到劳动的成果和收获,深刻理解劳动对个人和社会的重要性。

耕读教育通过教育智慧,引导学生树立正确的劳动观念。学生学会尊重劳动,将劳动视为一种有意义的活动,而非仅仅是为了获得回报或满足自身需求。他们理解劳动的价值,并愿意为之付出努力。

在劳动实践中,学生体验到劳动所带来的成就感和自豪感。他们通过亲身参与劳动,看到自己的付出和努力所产生的实际效果,从而增强对劳动的认同感。耕读教育还注重培养学生的责任感和奉献精神。学生们意识到劳动不仅仅是个人的事务,更是对社会和他人负责的一种行为。他们学会关心他人的需求,并乐于为社会做出贡献。

通过培养正确的劳动价值观,耕读教育帮助学生形成积极向上的工作态度和价值观。学生们明白劳动是一种奉献和服务的方式,通过自己的工作为他人和社会创造价值。这种价值观的培养对学生未来的工作和生活具有深远的影响。他们会在工作中持之以恒、努力奋斗,为个人和社会的发展做出积极贡献。同时,他们也会秉持奉献精神,关注他人的需求,为他人的福祉和社会的进步负责任。

因此,耕读教育注重培养学生正确的劳动价值观。通过实践和教育的引导,学生们能够理解劳动的意义和价值,培养责任感和奉献精神,为未来的工作和生活奠定坚实的价值基础。

在新时代的背景下,耕读文化在教育领域中的价值和意义愈发凸显。作为中华优秀传统基因的重要组成部分,耕读文化融合了农耕智慧、家庭观念、诚信品德等传统价值观念,以及现代科技、创新精神和社会责任感。它在培养学生的实践能力、创新意识、社会责任感等方面发挥着重要作用。

耕读文化通过强调实践导向和劳动教育,培养学生的实际操作技能、创造力和团队合作精神,使他们能够适应现代社会的发展需求。同时,耕读文化注重培养学生的价值观,使他们树立正确的道德观念,具备诚信、勤劳和家庭观念等良好品德,为社会建设和乡村振兴贡献力量。

在新农科建设改革发展中,耕读文化为学生提供了跨学科综合素养的培养、可持续发展与生态保护理念的培养、乡村产业振兴与创业能力的培养、社会责任感与乡土情怀的培养等重要方面的支持。它不仅是劳动教育的有效方式,更是培养乡村振兴人才的必由之路。

在新时代的追求中,耕读文化承载着对传统文化的传承和创新,为培养具有综合素养、创新精神和社会责任感的人才贡献力量。通过耕读文化的教育实践,我们可以培养出更多具有劳动精神、创造力和社会责任感的学生,为实现中华民族伟大复兴的中国梦做出积极贡献。

耕读文化在新时代的追求中具有重要的地位和作用。我们应当加强对耕读文化的传承和推广,将其融入教育体系,培养更多具有劳动精神、创新能力和社会责任感的人才,为建设富强、民主、文明、和谐的社会做出贡献。让我们共同努力,为推动耕读文化的发展、构建美好的社会和乡村振兴的未来而奋斗!

第四章　耕读教育与乡村振兴

随着时代的变迁和社会的发展,乡村振兴已成为国家战略的重要议题。为了实现乡村的全面复兴和可持续发展,需要注重培养乡村的人才队伍,推动乡村产业的振兴,加强乡村组织的建设,弘扬乡村的文化传统,以及保护乡村的生态环境。在这个振兴的过程中,耕读教育作为一种独特的教育模式和思维方式,正发挥着重要的作用。

本章将深入探讨耕读教育与乡村振兴的紧密联系,探寻耕读教育在乡村振兴中的作用和价值;将聚焦于乡村振兴的战略意义、乡村产业振兴与耕读教育、乡村人才振兴与耕读教育、乡村组织振兴与耕读教育、文化振兴与耕读教育,以及生态振兴与耕读教育等关键议题。通过对这些议题的深入研究和分析,将揭示耕读教育对于乡村振兴的重要性,并探索如何进一步发展和完善耕读教育的实施策略。

耕读教育作为传承了中国古代农耕文化的智慧和经验的教育方式,强调农耕知识的传授、农业智慧的融合、农耕文化的传承、对农民个体的关怀和支持、培养学生的品德修养和道德观念等方面。这些方面与乡村振兴的目标和要求紧密相连,为乡村振兴提供了宝贵的人才资源和思想支持。

在新时代背景下,耕读教育在乡村振兴中扮演着重要的角色,推动乡村的全面发展和进步。本章的研究将为深化对耕读教育与乡村振兴关系的认识提供理论指导和实践借鉴,为乡村振兴的实施提供有力支撑,助力实现美丽乡村和富裕农民的目标。

第一节　乡村振兴的战略意义

（一）缩小城乡发展差距

乡村振兴战略的实施对于城乡协调发展具有重要的战略意义。乡村振兴战略致力于缩小城乡发展差距,通过发展乡村经济、改善农村基础设施和提高公共服务水平,旨在提升农村居民的生活品质,提供城乡居民之间公平的发展机会。此举有助于减少城乡发展差距,推动城乡协调发展。

乡村振兴战略促进农民就业创业。该战略注重发展农村产业,为农村劳动力提供更多就业机会,鼓励农民积极创业。通过增加农民的收入来源,乡村振兴战略减轻了农民向城市转移的压力,实现了城乡劳动力的良性流动和协调发展。

此外,乡村振兴战略关注保障农民的权益。通过土地制度改革和农村社会保障等措施,该战略致力于保障农民的合法权益,提高农民的社会地位和福利待遇。这样的举措不仅提高了农民对乡村振兴战略的参与度,还促进了城乡之间的和谐发展。

乡村振兴战略注重改善农村基础设施,如道路、供水、电力、通信等,提升农村地区的交通、水利、能源等基础设施水平。通过减少城乡基础设施差距,该战略促进了城乡交流和资源要素的流动,进一步推动了城乡协调发展。

（二）实现农业农村现代化

乡村振兴战略的实施旨在实现农业农村的现代化,这对于乡村发展具有重要的战略意义。通过引进现代科技和管理手段,该战略促进农业产业链的升级和优化,提高农业生产的效率和质量。一方面,乡村振兴战略倡导农业生产方式的转变。传统的农业生产模式面临着劳动力短缺、资源浪费和环境压力等问题。通过引进现代科技和先进的农业技术,如农业机械化、精准农业和智能农业等,可以提高农业生产的效率和质量。这不仅有助于减轻农民的劳动负担,还能够提高农产品的产量和品质,增加农民的收入。另一方面,乡村振兴战略注重农村经济的发展。通过发展农村产业,培育农村新兴产业和乡村特色产业,提升农村经济的竞争力和发展水平。这包括发展农产品加工业、乡村旅游业、农村电商等,推动农村经济从传统的农业经济向多元化、现代化的经济结构转变。这样的发展有助于吸引更多的人才和资金流入乡村,促进农村经济的繁荣和可持续发展。

实现农业农村现代化对于乡村振兴具有重要的意义。农业农村现代化不仅关乎农民的生活质量和福祉,还关系到国家经济的发展和社会稳定。通过推动现代化农业的发展,乡村振兴战略可以促进农业的创新和转型,推动农村经济的繁荣和可持续发展,提高农民的生活水平和幸福感。

(三)保障国家粮食安全

粮食安全是国家安全和人民福祉的重要组成部分,而乡村振兴战略通过加强农业生产和提高粮食产量,为保障国家粮食安全提供了有力支持。

首先,乡村振兴战略注重农业的发展和农业生产能力的提升。通过引进现代农业科技和先进的农业管理模式,优化农业生产结构,提高土地利用效率和农作物产量,为粮食生产提供稳定的基础。同时,该战略鼓励农民积极参与农业生产,提高农民的生产积极性和粮食的产量、质量,进一步增加粮食的供给。

其次,乡村振兴战略注重农田水利和农业基础设施的建设。通过加强农田水利建设,提高农田的灌溉和排水能力,保障粮食作物的正常生长。同时,该战略还致力于改善农村基础设施,包括道路、仓储设施和农业机械化等,提高农业生产的效率和粮食的产量。

再次,乡村振兴战略重视农业科技创新和科学种植技术的推广应用。通过引进和培育农业科技创新人才,推动科技创新成果的转化和应用,提高粮食生产的技术水平和效益。同时,该战略还推广科学种植技术和良好的农业实践,帮助农民合理利用资源,提高粮食产量和质量。

最后,乡村振兴战略注重农业保护和农产品质量安全。该战略推动绿色农业发展,加强农业生态环境保护,减少农业产业对环境的负面影响,提高农产品的质量和安全标准。这为国家粮食安全提供了可靠的农产品供应和消费保障。

(四)推动乡村治理现代化

乡村振兴战略的一个重要方面是推动乡村治理的现代化,旨在增强乡村治理能力,提高乡村社会的组织、管理和服务水平,实现乡村社会的和谐稳定发展。

乡村振兴战略强调改革和创新乡村治理体制机制。通过深化农村改革,探索适应乡村发展的新型治理体制和机制,打破传统的行政化管理模式,推动乡村社会的自治、法治和德治相结合,激发农村社会的活力和创造力。该战略注重加强乡村社区组织建设和提高基层自治能力。通过培育和壮大农村社区组织,激发乡村居民的参与意识和自治能力,让他们能够更好地参与到乡村事务的决策和管理中。同时,鼓励农民建立自己的组织形式,如农村合作经济组织、农民专业合作社等,促进农民自我管理和自我发展。此外,乡村振兴战略强调提高农村社会管理和公共服务水平。通过加强乡村社会管理体系建设,完善乡村社会管理机构和工作机制,加强乡村社会治安综合治理,提升乡村社会治理水平。同时,加大对农村公共服务设施和资源的投入,改善农村教育、医疗、文化、体育等公共服务条件,满足农民群众的多样化需求。乡村振兴战略还注重推动信息技术在乡村治理中的应用。通过建设信息化基础设施和智慧乡村系统,推动信息技术与乡村治理的深度融合,提升乡村治理的科学化、精细化水平,为乡村发展和农民生活提供更便捷、高效的服务。乡村振兴战略强调加强乡村社会建设和文明乡风建设。通过加强乡村社会文明建设,培育和践行社会主义核心价值观,提高乡村居民的文明素养和道德水平,营造良好的社会风尚和文明乡风。

(五)促进农民增收致富

乡村振兴战略的一个重要目标是促进农民增收致富,通过一系列措施和政策来改善农民的经济状况和生活条件。乡村振兴战略注重发展乡村产业,通过推进农村产业结构调整和升级,培育壮大特色农业、乡村旅游、农产品加工等产业,提供更多的就业机会和增值空间,促进农民的收入增长。乡村振兴战略鼓励农民参与农村合作经济组织、农民专业合作社等组织形式,通过集体经济的力量,提高农民的经济效益和产业竞争力。农民专业合作社可以帮助农民集中资源、整合市场,提高生产和销售效率,实现规模化经营和增值收益。此外,乡村振兴战略注重提高农民的就业能力和创业意愿,通过开展职业培训、技能提升等措施,提升农民的就业竞争力和创业能力。创业扶持政策和创业创新平台的建设,为农民提供创业机会和支持,激发农民的创业热情,帮助他们实现自我就业和自我增收。乡村振兴战略注重改善农村基础设施和公共服务水平,提供良好的生产生活条件。加强农村交通、供水、电力、通信等基础设施建设,改善农村教育、医疗、文化、体育等公共服务设施,提供优质的教育、医疗和文化娱乐资源,提高农民的生活品质和满足其多样化需求。乡村振兴战略还注重发展农村社会保障体系,提高农民的社会保障水平和福利待遇。通过建立健全农村养老、医疗、住房等社会保障制度,保障农民的基本生活需求和权益,提升他们的生活保障水平,让农民有更多的保障感和安全感。

(六)保护生态环境和乡土文化

乡村振兴战略的一个重要方面是保护生态环境和乡土文化。这是因为生态环境和乡土文化是乡村的独特财富,也是乡村发展的重要支撑。

乡村振兴战略强调生态文明建设和生态保护。通过加强环境监测和治理,推动生态环境修复和保护,减少污染物排放,提高资源利用效率,维护乡村的生态平衡和生态安全。此外,乡村振兴战略还鼓励发展生态农业和生态旅游等产业,以保护生态环境为前提,实现经济效益和环境效益的双赢。

乡村振兴战略注重传承和弘扬乡土文化。乡土文化是乡村的根和灵魂,承载着丰富的历史、传统和民俗文化。该战略倡导保护和传承乡村的传统艺术、手工技艺、民俗习惯等,通过组织文化活动、举办文化展览等方式,激发乡村居民对乡土文化的认同感和自豪感,提升乡村文化的内涵和吸引力。

保护生态环境和乡土文化对于乡村振兴具有重要意义。首先,生态环境是农村的生命线,对于农业生产、乡村居民的生活质量和健康都起着关键作用。保护生态环境可以提供良好的生产环境和生活条件,为乡村经济的可持续发展提供坚实基础。其次,乡土文化是乡村的精神支撑。传承和弘扬乡土文化可以增强乡村居民的文化认同感和自豪感,凝聚乡村居民的向心力,促进乡村社会的和谐稳定发展。最后,保护生态环境和乡土文化也是对乡村资源的有效利用和保值增值。乡村的自然风光、传统建筑、民俗活动等独特资源是吸引游客和文化爱好者的重要因素,可以为乡村带来经济收益和发展机遇。

(七)维护社会稳定和国家安全

乡村振兴战略在维护社会稳定和国家安全方面具有重要意义。通过改善农村居民的生活条件和社会保障体系,该战略有助于增强农村居民的获得感和安全感,从而维护社会稳定和国家安全。乡村振兴战略注重改善农村居民的生活条件。通过加强农村基础设施建设、提供优质的教育和医疗资源、改善农村居民的居住环境等,可以提升农村居民的生活品质,增强他们的获得感。当农民的生活水平得到提升时,他们更容易满足基本需求,增强对社会和国家的认同感,从而减少社会不稳定因素。乡村振兴战略致力于建立健全的社会保障体系。该战略注重发展农村社会保障体系,包括养老保险、医疗保险、失业保险等,为农村居民提供社会保障和风险防范。这将减轻农民的社会压力,提供一定的安全保障,增强他们对未来的信心和稳定感。

此外,乡村振兴战略还注重提升农村社会治安水平。通过加强农村公共安全体系建设,建立完善的农村警务机构和社会安全网,提高警务水平和应急响应能力,加大对违法犯罪行为的打击力度,能够有效维护农民的人身和财产安全。通过改善农村治安环境、加强农村交通管理、提升公共场所安全设施、加强危险品和火灾防范等方面,创造安全、稳定的生活环境,确保农民的安全感。通过增强社会管理能力,推动农村社会组织建设,完善基层治理机制,提高社会管理和服务水平,加强对社会矛盾的预防和化解,维护农村社会的稳定。这些措施的实施,将使乡村社会治安水平得到有效提升,为乡村振兴提供安全稳定的环境。这将吸引更多人才和资本投入农村发展,促进乡村经济的繁荣,实现社会稳定和国家安全的目标。

总之,乡村振兴不仅关乎农村的发展,也事关国家整体发展的大局。通过实施乡村振兴战略,可以实现城乡协调发展、缩小城乡发展差距、保障国家粮食安全、促进农民增收致富、建设美丽乡村、推动乡村治理现代化以及保护生态环境和乡土文化。这些战略目标相互关联,相辅相成,共同构筑起一个繁荣发展的乡村社会。乡村振兴战略的实施将为农村地区带来新的机遇和发展动力,也将为国家的可持续发展和社会的和谐稳定做出重要贡献。相信在乡村振兴的道路上,耕读教育将发挥重要作用,培养出更多生产、经营、服务、教育、推广、管理的人才,推动乡村振兴取得更加辉煌的成就。

第二节　乡村产业振兴与耕读教育

在乡村振兴战略的推动下,乡村产业振兴成为实现农村发展和农民增收的重要途径。耕读教育作为乡村教育的一种创新模式,与乡村产业振兴密切相关。通过培养学生的生产、经营、服务和示范能力,耕读教育为乡村产业振兴注入了新的活力和动力。本节将探讨耕读教育与乡村产业振兴的紧密联系,以及其在推动乡村经济发展、农民就业创业和农业现代化方面的重要作用。通过耕读教育的实施,我们有信心在乡村产业振兴的道路上迈出坚实的步伐,实现乡村振兴战略的目标。

(一)耕读教育培养农业生产技能

耕读教育在培养学生的农业生产技能方面起到了重要的作用。学生通过耕读教育系统地学习农业科学知识、农业技术和管理能力,掌握了先进的农业生产技术和方法。他们学习了种植、养殖和农产品管理等方面的技能,深入了解不同作物的生长环境、生长周期和施肥灌溉等关键要素。同时,他们也学习了农产品的采收、储存和销售等环节的技术和策略。

耕读教育注重理论与实践相结合,为学生提供了丰富的实践机会。学生在参与农田耕作、养殖活动和农产品加工的过程中,亲身实践和应用所学的农业知识和技能。通过实践,学生能够熟悉不同作物的种植和养殖技术,掌握灌溉、施肥、病虫害防治等关键技能,并学会科学地管理农业生产过程。他们逐渐提高了生产效率,减少了资源浪费,提高了农产品的产量和质量。

耕读教育还鼓励学生参与农业科技创新和实践活动。学生通过实验研究、科技创新项目等形式,探索农业领域的前沿技术和创新方法。他们学会运用科学的思维和创新的能力解决实际问题,发现农业生产中的瓶颈和难题,并提出改进和创新的解决方案。耕读教育激发了学生的创造力和探索精神,为乡村产业的振兴提供了源源不断的科技支持。

通过耕读教育培养的农业生产技能,学生能够更好地应对农业生产中的挑战和机遇。他们能够灵活运用所学的知识和技能,根据不同的环境和条件制订合理的农业生产计划,提高生产效率和经济效益。他们还能够适应市场需求的变化,选择适宜的农产品种植和养殖项目,培育高附加值的农产品,增加农民的收入和利润。

耕读教育的目标是培养具备专业农业知识和技能的人才,他们将成为乡村产业振兴的中坚力量。他们的努力和付出将推动农业生产的现代化,提升乡村产业的竞争力,为乡村振兴贡献智慧和力量。

(二)培养农村经营能力

耕读教育在培养学生的农村经营能力方面起到了关键的作用。学生通过耕读教育系统学习市场营销知识、农产品加工和销售技巧,了解市场需求和消费者偏好。他们学习如何分析市场状况、制定营销策略,并掌握农产品包装、品牌推广和营销渠道的管理方法。

耕读教育注重实践教学,在学生的学习过程中提供了丰富的实践机会。学生参与农产品的加工和销售活动,亲身体验市场营销的全过程。他们学会进行产品定位和市场定位,研究消费者需求和竞争对手情况,制定差异化的营销策略。通过实践,学生不仅掌握了农产品加工和包装技术,还了解了不同销售渠道的运作和管理。

耕读教育还鼓励学生进行农业创业实践,培养他们的创业能力和农村经营管理能力。学生在创业实践中学会制订商业计划,管理资源和财务,了解风险管理和市场竞争。他们学习如何创新经营模式,开拓新的市场领域,提高农产品的附加值和市场竞争力。

通过耕读教育培养的农村经营能力,学生能够更好地开展农产品的市场开拓和经营管理。他们能够了解市场需求的变化,根据消费者的需求调整产品的种植、加工和包装,提供符合市场需求的农产品。他们能够运用营销策略和销售技巧,推广和销售农产品,拓展销售渠道,增加产品的曝光度和销售额。

耕读教育培养的农村经营人才将成为乡村产业振兴的重要支持。他们的农村经营能力将推动乡村产业的发展,提升农产品的市场竞争力和附加值,促进农民增收致富。他们的创新精神和创业能力将为乡村产业带来新的商机和发展机遇,为乡村振兴注入活力和动力。

(三)促进农村服务业发展

耕读教育注重培养学生在农村服务领域的能力,以促进农村服务业的发展。学生通过学习社区服务知识和技能,了解农村居民的需求和服务模式。他们学习如何与农村居民有效沟通,提供符合他们需求的服务,提高农村居民的生活品质和满意度。

耕读教育鼓励学生参与农村社区服务活动,提供各种服务,如教育、医疗、咨询等。学生通过实践学习,了解农村社区的特点和需求,掌握与农村居民交流和互动的技巧,培养对农村居民的关爱和责任感。

通过耕读教育培养的农村服务能力,学生能够为农村居民提供各种服务,满足他们的需求,提高他们的生活品质。他们可以参与农村教育事业,为农村学校提供教学支持和辅导服务,提升农村教育水平。他们还可以参与农村医疗事业,提供基本医疗服务和健康咨询,改善农村居民的健康状况。此外,他们还可以开展农村社区咨询和文化活动,丰富农村居民的精神文化生活,促进社区的发展。

耕读教育培养的农村服务人才将为乡村产业和社区的发展做出重要贡献。他们的服务能力将满足农村居民的需求,改善他们的生活品质,提升农村社区的发展水平。他们将成为农村社区的中坚力量,推动乡村产业和社区的全面发展,为乡村振兴注入活力和动力。

(四)推广示范性农业经验

耕读教育注重培养示范性人才,他们在乡村中起到引领作用。这些人才通过创新的农业经营模式和经验,探索出一条成功的发展道路,并将其推广给其他农民。他们的成功案例激励和带动周围的农民,推动乡村产业的振兴和发展。

耕读教育通过提供实践和创新的机会,培养学生的创业精神和实践能力。学生在耕读教育的学习中,不仅学习农业科学知识和技术,还通过实践和实验,积累了丰富的农业经验。他们通过自己的努力和创新,取得了令人瞩目的成果,成为乡村中的示范性人才。

这些示范性人才在农业经营中树立了良好的典范和榜样。他们运用先进的农业技术和管理方法,实现了高产、高效、高质的农业生产。他们注重可持续发展,关注生态环境保护和资源利用,走出了一条绿色发展的道路。

这些示范性人才将自己的成功经验和技术分享给其他农民,推广先进的农业经验和模式。他们通过组织农民培训、技术交流等活动,向农民普及先进的农业技术和管理理念,帮助他们提高生产效益和农产品质量,实现可持续发展。他们的努力和贡献激发了更多农民的创业激情,推动乡村产业的振兴和发展。

示范性人才的存在和影响,不仅为乡村产业带来了显著的经济效益,也为农民提供了可行的发展模式和方向。他们的成功案例证明了农业产业的潜力和可持续发展的可能性,激发了更多农民的创新意识和创业精神。通过示范性人才的引领和带动,乡村产业将迎来新的发展机遇,为乡村振兴注入了强大的动力。

(五)引领农村创业精神

耕读教育致力于培养学生的创新意识和创业精神,以引导农村创业的活力和潜力。通过开设相关课程和实践活动,学生能够学习创业的基本知识和技能,了解农村创业的机遇和挑战。耕读教育注重培养学生的创新思维和创业能力,使他们能够勇于面对农村产业发展中的新机遇和挑战,并积极投身于乡村创业的实践中。

耕读教育通过提供创业教育的机会和平台,激发学生的创新精神和创业热情。学生在实践中探索创新的农村经营模式和业务领域,发现并抓住农村产业发展的新机遇。他们学会分析市场需求、制订商业计划、策划营销方案,并勇于实施自己的创业想法。耕读教育为学生提供创业指导和资源支持,帮助他们实现创业梦想。

耕读教育注重培养学生的团队合作精神和领导能力,使他们能够与他人合作共事,建立创业团队并有效管理团队资源。学生通过项目合作、模拟创业等实践活动,培养了解决问题、协调合作和领导团队的能力。这些能力对于农村创业的成功至关重要,能够推动农村产业的振兴和发展。

耕读教育还注重培养学生的创业胆识和应变能力。学生通过克服实际的农村创业挑战和困难,锻炼了适应变化、解决问题和应对风险的能力。他们学会从失败中吸取经验教训,不断调整和改进创业策略,不断迭代和优化创业方案。这种创业胆识和应变能力使他们能够在复杂多变的农村创业环境中立于不败之地。

耕读教育的创业培养不仅关注学生个体的创业能力,也注重培养学生的创新思维和创业意识。学生在学习和实践中培养了敏锐的市场洞察力、创新的思维方式和勇于冒险的精神,能够将创新和创业意识融入农村产业振兴的实践中。他们成为农村创新的推动者和引领者,为乡村振兴注入了创新的活力。

耕读教育通过培养学生的创新意识、创业精神和创业能力,激发他们在农村产业振兴中的创业活力。学生通过学习创业知识、实践创业技能、参与创业项目,掌握了创业的基本要素和实际操作能力。他们成为农村创新的推动者和实践者,为乡村振兴贡献了创新思维和实践能力,推动农村产业的发展和繁荣。

(六)培养示范农业导师

耕读教育重视培养示范农业导师,他们是在农业领域具有丰富经验和专业知识的典范和榜样。这些导师通过与学生的互动和指导,分享他们在农业生产、经营和管理方面的成功经验和实用技巧。他们以身作则,引领学生在乡村产业中成长,并成为良好的榜样。

导师在耕读教育中扮演着重要的角色。他们具备广泛的农业知识和技能,了解农业产业链的运作和发展趋势。他们通过实际操作,教授学生农业生产的最佳实践和创新方法。导师们帮助学生了解农业生产的全过程,从土地准备到种植和养殖,再到农产品的收获和加工。他们教授学生如何应对农业生产中的挑战和困难,如何提高农产品的质量和市场竞争力。

导师们还引导学生参与实践项目,让他们亲身体验农村产业的实际操作和管理过程。导师们与学生一起制订项目计划,指导他们在实践中应用所学知识和技能。他们与学生共同解决问题,探索创新的农业经营模式,培养学生在实践中的能力和经验。通过与导师的互动和合作,学生能够更好地理解农村产业的特点和需求,并学会将理论知识与实践应用相结合。

示范农业导师的指导和支持对学生的专业成长和乡村产业的振兴起到重要作用。导师们不仅传授成功的经验和实用的技巧,还分享农业行业的最新动态。他们激励学生追求卓越,勇于创新,成为农村产业发展的中坚力量。通过示范农业导师的帮助和指导,学生在乡村产业中得到了实践锻炼和专业培养,为乡村振兴贡献了他们的才华和能力。

耕读教育通过培养示范农业导师,提供了学生与有丰富经验和专业知识的导师互动的机会。示范农业导师以自身的成功经验和实用技巧引导学生,使学生在农业领域中快速成长。他们的指导和支持帮助学生掌握农业生产、经营和管理的最佳实践,培养学生的创新能力和专业素养。通过示范农业导师的帮助,学生在乡村产业中能够实现个人成长,并为乡村振兴做出积极贡献。

在乡村产业振兴的道路上,耕读教育扮演着至关重要的角色。通过培养学生的生产、经营、服务和示范能力,耕读教育为乡村产业的振兴注入了新的活力和动力。学生通过耕读教育的实施,不仅获得了丰富的农业知识和技能,还培养了创业精神、团队合作意识和创新思维。他们成为乡村中的引领者和典范,通过示范农业经验的分享和指导,帮助更多的农民实现增收致富的梦想。耕读教育与乡村产业振兴的紧密结合,促使乡村经济焕发活力,农民的生活水平不断提升。同时,乡村产业的振兴也带动了农村基础设施的改善和社会服务的提升,为乡村社区的发展奠定了坚实基础。在未来的乡村振兴中,耕读教育将继续发挥重要作用。

第三节 乡村人才振兴与耕读教育

在乡村振兴的进程中,人才的培养和发展起着至关重要的作用。乡村人才的振兴不仅需要具备专业知识和技能,还需要具备创新思维、领导能力和社会责任感。耕读教育作为一种特殊的教育模式,注重培养学生成为教育、推广和管理领域的人才,旨在为乡村振兴提供有力的人才支持。本节将探讨耕读教育与乡村人才振兴的关系,以及耕读教育如何培养乡村人才,推动乡村的可持续发展。通过对耕读教育的探索和实践,将更好地理解乡村人才振兴的重要性,并探讨如何通过耕读教育培养出具有专业素养和社会责任感的乡村人才,为乡村振兴注入新的活力。

(一)培养教育人才

耕读教育对于乡村教育人才的培养具有重要意义。通过针对乡村教育的专业培训和教育实践,耕读教育致力于培养乡村教育人才,以满足乡村学校的需求,并为乡村学生提供高质量的教育资源和服务。

耕读教育注重向学生传授教育领域的专业知识和教学技能。学生将学习到最新的教育理论、教学方法和教育管理知识,具备优秀的教学能力和专业素养。耕读教育将重点关注乡村教育的特点和需求,了解乡村学生的背景、家庭环境和教育需求。这样的了解有助于教师更好地与学生沟通,制定适合乡村学生的教学方案。耕读教育鼓励教育人才在乡村教育领域进行资源整合与创新。他们可以积极寻找适合乡村学生的教育资源,包括教材、教具、网络资源等,以提供多样化、个性化的教育体验。耕读教育注重促进学生的全面发展,包括认知、情感、道德和社会技能等方面。教育人才将通过关注学生的个别差异,为他们提供个性化的教学和辅导,帮助他们全面发展。耕读教育为学生提供组织和管理乡村教育项目的机会。学生将参与到实践项目中,学习如何组织、管理和评估乡村教育项目,提高自己的项目管理能力。

通过耕读教育的培养,乡村教育人才成为推动乡村教育发展的重要力量。他们将运用所学的知识和技能,积极参与乡村教育改革,为乡村教育提供更多有益的创新和实践。通过耕读教育的培养,乡村教育人才将成为乡村教育发展的中坚力量,为乡村学生提供优质的教育资源和服务,推动乡村教育的持续进步。他们的付出和贡献将助力乡村振兴战略的实施,实现乡村教育的发展与繁荣。

(二)培养推广人才

耕读教育致力于培养乡村推广人才,旨在将科学技术与实际农业生产相结合,促进乡村产业振兴。耕读教育注重向学生传授最新的科学技术知识,涵盖农业生产、农业机械、农产品加工等方面。学生将学习先进的农业科技和推广方法,了解其在农村实践中的应用,为将科学技术推广到乡村提供坚实的理论基础。耕读教育为学生提供参与实践项目的机会,让他们亲身参与农村推广工作。学生将与农民合作,实地了解农业生产现状和需求,通过实践探索和推广科学技术解决实际问题,培养实际操作能力和推广技能。耕读教育培养的推广人才将与农民进行密切合作,为他们提供培训和指导。通过组织培训、示范讲解和技术指导等形式,推广人才将帮助农民掌握先进的农业技术,提高他们的生产效益和农业可持续发展水平。

耕读教育培养的推广人才将学习制订有效的推广策略和计划。他们将了解不同农业生产环境和需求,根据实际情况制定个性化的推广方案,帮助农民更好地接受和应用科学技术,提高农业生产效益。耕读教育注重培养推广人才参与农业示范基地的建设和管理。学生将学习如何规划和建设农业示范基地,利用先进的农业技术和管理经验展示出高效的农业模式,为乡村农民树立典范和榜样。耕读教育鼓励推广人才与农业科研机构开展合作。学生将与科研机构合作开展实验研究和技术推广项目,将科研成果转化为实际生产力,为农村产业振兴提供科技支持。耕读教育还注重培养推广人才的市场意识和经营能力。学生将学习市场营销知识和经营管理技巧,了解市场需求和农产品销售渠道,以更好地将科技成果与市场需求相结合,促进农产品的推广和销售。

耕读教育培养出的乡村推广人才将在乡村产业振兴中发挥重要作用。他们将运用所学的知识和技能,帮助农民掌握先进的农业技术,推动乡村产业的发展,提升农民的收入水平,促进乡村经济的繁荣。他们的努力将为乡村振兴战略的实施提供有力支持,并为乡村的可持续发展做出积极贡献。

(三)培养管理人才

耕读教育注重培养乡村管理人才,以提升乡村产业振兴的管理水平和效能。耕读教育注重向学生传授乡村管理方面的知识,包括农村经济管理、社区治理、项目管理等方面的专业知识。学生将学习乡村管理的基本理论和实践经验,了解农村管理的特点和挑战,为成为优秀的乡村管理人才奠定坚实基础。耕读教育培养学生的组织协调能力,使其能够有效管理乡村资源和人力,协调各方利益,推动乡村产业的发展。学生将学习项目管理、团队合作和决策能力等技能,以提高乡村管理的效率和协同性。耕读教育注重培养学生的社区治理能力,使其能够有效管理乡村社区事务,提供优质的公共服务。学生将学习社区规划、社区参与和社会管理等知识,了解社区治理的原理和方法,为提升乡村社区的治理水平和服务质量做出贡献。耕读教育注重培养学生的项目策划与执行能力,使其能够有效推动乡村发展项目的实施。学生将学习项目规划、资源调配和风险管理等技能,以实现乡村产业振兴的目标和计划。

耕读教育鼓励学生在乡村管理领域探索创新的管理模式和方法。学生将学习创新思维和管理理念,通过解决实际问题和应对挑战,推动乡村管理的现代化和创新发展。耕读教育培养学生在乡村资源整合与合作方面的能力。学生将学习资源评估、合作协调和利益平衡等知识,通过整合乡村各方资源,推动乡村产业的合作发展,实现资源优化配置和协同效应。

耕读教育注重培养学生的领导能力和决策能力,使其能够在乡村管理中起到引领和决策的作用。学生将学习领导原理、决策分析和问题解决技巧,为乡村产业振兴提供有效的领导和决策支持。

耕读教育培养出的乡村管理人才将在乡村产业振兴中发挥重要作用。他们将运用所学的知识和技能,有效组织和协调乡村资源,提升乡村社区的治理水平和服务质量,推动乡村产业的发展,实现乡村振兴的目标。

（四）强化实践教育

耕读教育致力于强化实践教育,为乡村人才的培养提供实践机会和平台。耕读教育着重强调实践教育的重要性,通过乡村实习和实训活动,学生能够亲身走进农村,与农民和乡村组织进行密切互动。这样的实践体验使得学生能够在实际操作中学习农业生产、经营管理等关键技能,深入了解乡村发展的实际情况,培养实际操作能力和应对实际问题的能力。通过参与农村项目实践,如农产品加工、农村旅游开发等,学生能够深入了解乡村产业的发展和运营。他们将参与实际的项目,通过实践中的探索和实际操作,提升自己的创新能力和问题解决能力。此外,耕读教育还鼓励学生参与社区服务和实践活动,为乡村社区提供实际帮助和支持。学生将参与社区建设、农村公益活动等,与农民和乡村居民紧密合作,了解社区需求,培养团队合作意识和社会责任感。耕读教育还鼓励学生参与农业科研与实验,培养他们的科学精神和创新能力。学生将参与农业科研项目,进行农作物种植试验、农产品质量检测等实验工作,从中锻炼科学实验技能和数据分析能力。通过这些实践教育的方式,耕读教育使学生能够在真实的乡村环境中学习和实践,获得宝贵的经验和技能。这种实践教育不仅提升了学生的实际操作能力和团队合作精神,还培养了他们解决实际问题的能力和创新思维,为乡村人才的振兴和乡村产业的发展提供了强有力的支持。

（五）推动科技创新

耕读教育在乡村振兴中积极推动科技创新,致力于培养乡村科技创新人才。通过引导学生关注农业科技的最新发展,耕读教育激发学生对科技创新的兴趣和热情,并提供创新的思维和方法。这些科技创新人才能够运用先进的科学技术和创新的思维,推动乡村产业的技术升级和创新发展,为乡村振兴注入新的动力。

耕读教育注重培养学生的科学精神和实验能力,通过科研项目和实验实践,让学生亲身参与农业科技创新。学生将进行农作物种植试验、农产品质量检测等实验工作,学习科学研究的方法和技巧,培养科学思维和数据分析能力。耕读教育鼓励学生提出问题、寻求解决方案,并通过科技手段创新地解决农业生产和经营中的难题。

此外,耕读教育也促进科技与农业的深度融合。学生将学习农业科技的应用,如农业机械化、智能农业等,了解先进科技对乡村产业的推动作用。他们将了解农业科技的最新发展趋势,掌握科技创新的前沿知识,将科技与实际农业生产相结合,推动乡村产业的现代化和智能化。

通过推动科技创新,耕读教育不仅培养了乡村科技创新人才,还为乡村产业的升级和发展提供了新的思路和方法。科技创新的推动将为乡村振兴注入新的活力,提高农业生产效益和质量,推动乡村产业向高质量发展,实现农业现代化和乡村全面振兴的目标。

(六)培养乡村企业家精神

耕读教育重视培养乡村企业家精神,鼓励学生在乡村产业中展现创业能力和担当精神。学生通过课程学习和实践活动,了解创业的基本知识和技能,培养创新思维和市场洞察力。耕读教育提供创业导向的培训和指导,帮助学生明确创业目标,制订切实可行的创业计划,并在实践中锻炼创业的能力。

乡村企业家精神培养的核心在于激发学生的创业热情和创新意识。耕读教育鼓励学生积极发现乡村产业的商机和潜力,培养学生对市场的敏锐洞察力,学习市场营销和商业策划的知识。学生将学习如何进行市场调研、产品定位、品牌推广等,以满足消费者的需求并创造价值。同时,耕读教育也鼓励学生勇于创新,发现新的业务模式和商业机会,推动乡村产业的创新发展。

乡村企业家精神的培养还强调学生的担当精神和责任意识。耕读教育引导学生关注乡村发展面临的问题,培养学生解决问题的能力。学生将学习如何有效组织资源、协调团队、应对风险等,同时关注乡村社会和环境的可持续发展,为乡村产业的繁荣贡献自己的力量。

乡村企业家精神的培养不仅有助于学生个人的成长,也为乡村产业的繁荣和乡村振兴战略的实施提供了有力的支持。学生通过展现乡村企业家的创业精神和担当意识,将激发周围农民的创业激情和创新意识,带动乡村经济的繁荣和社会的进步。

（七）增强终身学习意识

耕读教育注重培养学生的终身学习意识,使他们认识到学习是一个持续的过程,不局限于校园内的教育阶段。学生通过耕读教育获得知识和技能,并通过实践活动和社会互动不断学习和成长。耕读教育鼓励学生积极主动地寻求新的学习机会,不断扩展自己的知识领域和技能。

终身学习意识的培养使学生具备适应新变化和创新的能力。随着科技和社会的快速发展,乡村振兴所面临的挑战和机遇也在不断变化。通过持续学习,学生能够紧跟时代的步伐,掌握新的科技和管理方法,适应新的生产模式和市场需求,为乡村产业的振兴和发展贡献自己的力量。

终身学习意识的培养也能够提高学生的自我学习能力和自主创新能力。学生通过耕读教育,学会了主动寻找学习资源、制订学习计划和目标,培养了自我反思能力和批判思维。他们能够通过自主学习和独立思考解决问题,发现新的思路和创新点,为乡村振兴提供创新的动力。

终身学习意识的培养不仅使学生个人能够不断成长,还为乡村振兴提供了持续的人才支持。随着乡村产业的发展和需求的变化,需要具备不同专业知识和技能的人才来推动乡村经济的繁荣。具备终身学习意识的人才能够不断学习和更新知识,适应乡村发展的需求,为乡村振兴提供持续的人力资源支持。

乡村人才振兴与耕读教育密切相关,耕读教育通过其独特的教育理念和实践方式,为乡村人才的培养提供了有效的路径和策略。通过培养教育、推广、管理人才,耕读教育为乡村振兴注入了新的活力和动力。

耕读教育注重学生的实践能力、创业精神、社会责任感和终身学习意识的培养,使学生具备全面发展的素养和适应乡村振兴需求的能力。学生通过参与农村实习和实训活动,探索乡村产业的发展,培养了解决实际问题和团队合作的能力。同时,耕读教育鼓励学生参与农村科研和实验,培养他们的科学精神和创新能力,推动乡村科技创新。

乡村人才振兴与耕读教育的紧密结合,为乡村振兴提供了坚实的人才支持。通过培养教育人才、推广人才、管理人才以及示范农业导师,耕读教育为乡村教育、农业产业、农村社区治理等领域注入了新的活力和智慧。这些人才将成为乡村振兴的中坚力量,推动乡村经济的发展、乡村社会的进步和乡村文化的传承。

第四节　乡村组织振兴与耕读教育

在乡村振兴的进程中,乡村组织的振兴起着至关重要的作用。乡村组织的健康发展和有效运行,对于推动乡村经济、社会和环境的全面提升具有重要意义。而耕读教育作为一种注重综合素质培养的教育方式,与乡村组织振兴息息相关。

本节将探讨耕读教育与乡村组织振兴之间的紧密联系。耕读教育通过提供行政管理知识、强化组织与协调能力、推动乡村治理创新以及培养道德伦理和公共利益意识等方面的努力,为乡村组织的振兴提供了重要支持和动力。

引领学生深入乡村实践和参与乡村发展的耕读教育,使学生通过实践与理论相结合,全面了解乡村组织的现状和挑战,并培养他们在决策、规划、管理等方面的能力。通过这样的教育方式,学生将成为乡村组织振兴的中坚力量,推动乡村发展走上一条可持续、充满活力的道路。

在本节中,将深入探讨耕读教育与乡村组织振兴之间的关系,以及耕读教育在提供行政管理知识、强化组织与协调能力、推动乡村治理创新、培养道德伦理和公共利益意识等方面的实践经验和成果。通过这些探讨,将更加全面地认识到耕读教育对于乡村组织振兴的重要性,并为未来的乡村振兴工作提供有益的借鉴和启示。

(一)提供行政管理知识

提供行政管理知识是耕读教育关注乡村组织振兴的重要一环。通过开设相关课程和培训,耕读教育致力于向学生传授行政管理的理论知识和实践技能,为他们成为优秀的乡村行政管理人才奠定坚实基础。

在行政管理的课程中,学生将学习乡村组织管理的基本原理和概念。他们将了解乡村组织的内部结构、职能分工、决策流程等方面,掌握乡村组织管理的基本框架。此外,学生还将了解乡村组织的制度建设,包括规章制度的制定和执行、行政程序的规范等。他们将了解行政管理的法律法规和政策要求,培养遵守规章制度的意识。

耕读教育还注重向学生传授乡村组织政策运营的知识。学生将学习如何进行政策研究和分析,掌握政策制定和实施的方法和技巧。他们将了解乡村组织在政策运营中的角色和责任,学习如何与政府部门和其他利益相关者进行合作与沟通。此外,学生还将学习如何进行项目管理和资源配置,为乡村组织的发展提供有效的支持。

耕读教育通过教学和实践相结合的方式,使学生能够将所学的行政管理知识应用于实际情况。学生将参与实践项目和案例分析,锻炼解决实际问题的能力。他们将与乡村组织的管理人员和专业人员进行交流和合作,学习实际的行政管理经验和技巧。

通过提供行政管理知识,耕读教育培养学生成为具备扎实理论基础和实践技能的乡村行政管理人才。这些人才将在乡村组织振兴中发挥重要作用,推动乡村治理的现代化和乡村经济的发展。他们将运用所学的行政管理知识,为乡村组织提供有效的管理和服务,推动乡村振兴战略的顺利实施。

(二)培养决策和规划能力

耕读教育着重培养学生的决策和规划能力,这对乡村组织振兴至关重要。学生通过学习和实践,了解乡村发展的需求和挑战,培养分析问题、制定决策的能力,为乡村组织的发展制定合理的战略和规划方案。

在耕读教育中,学生将学习决策理论和方法,掌握问题识别、信息收集、方案比较和评估等决策过程中的关键要素。他们将学习如何分析乡村发展的内外部环境,研究潜在的机遇和挑战,从中提炼出可行的发展方向。同时,学生还将学习如何制定目标和策略,制订明确的行动计划,以实现乡村组织的长远发展目标。

耕读教育通过实践活动和案例分析,帮助学生应用所学的决策理论和方法。学生将参与乡村组织的实践项目,面临真实的决策情境,运用所学知识解决问题。他们将分析各种因素的影响,权衡利弊,做出明智的决策,并评估决策的效果和可行性。

除了决策能力,耕读教育还注重培养学生的规划能力。学生将学习规划理论和方法,了解乡村组织发展的规划原则和实施步骤。他们将学习如何制定乡村组织的发展目标、规划布局和配置资源,考虑可持续发展和生态环境保护的因素。

通过培养决策和规划能力,耕读教育使学生成为具备全面思考和明智决策能力的乡村行政管理人才。这些人才能够在乡村组织振兴中提供战略性的指导,制定科学合理的规划方案。他们将应对乡村发展的各种挑战和变化,推动乡村组织朝着可持续、协调和有序的方向发展。他们的决策和规划能力将为乡村振兴带来稳定和可持续的发展基础。

(三)强化组织与协调能力

耕读教育注重培养学生的组织与协调能力,这对于乡村组织振兴至关重要。学生通过学习和实践,掌握组织管理的基本理论和技巧,培养有效组织和协调资源的能力,以推动乡村组织的发展和项目的顺利实施。

在耕读教育中,学生将学习组织管理的原理和方法,了解如何有效地规划和组织资源,建立良好的组织结构和工作流程。他们将学习如何协调各方利益,促进合作和协作,解决组织内部和外部的冲突与问题。

耕读教育通过实践活动和团队项目,锻炼学生的组织与协调能力。学生将参与乡村组织的实践项目,负责组织和协调团队的工作。他们将学会如何制定明确的目标和任务,激发团队成员的合作意识和创造力。在项目执行过程中,学生将面临各种挑战和问题,需要灵活运用组织与协调的技巧,确保项目的顺利进行和目标的实现。

耕读教育还注重培养学生的沟通和协作能力。学生将参与小组讨论、模拟演练等活动,学会与他人有效地沟通、合作和协商。他们将学会倾听和尊重他人的意见,协调不同利益间的关系,建立良好的工作关系和团队氛围。

通过组织与协调能力的培养,耕读教育使学生成为擅长组织和协调的乡村行政管理人才。这些人才能够有效地规划和调配资源,建立高效的工作机制,提高乡村组织的运行效率和绩效。他们能够协调不同部门和利益相关者之间的关系,推动乡村组织的发展和各项项目的实施。他们的组织与协调能力将为乡村振兴注入活力,促进乡村组织的协同发展和整体提升。

(四)培育领导和沟通能力

耕读教育致力于培育学生的领导和沟通能力,这对于乡村组织振兴至关重要。学生通过学习和实践,挖掘自身的领导潜力,以在乡村组织中扮演重要的角色,并与各方进行有效的沟通和合作。

在耕读教育中,学生将学习领导的基本理论和实践技能,了解领导的核心要素和领导风格的选择。他们将了解不同领导角色的职责和特点,学会制定愿景和目标,激发团队成员的潜力和合作精神。通过领导力培养,学生将成为能够指导乡村组织发展的重要人才,为实现乡村振兴贡献力量。

同时,耕读教育注重培养学生的沟通能力。学生将学习有效的沟通技巧,包括口头和书面沟通,以及非言语沟通。他们将学会倾听和表达,善于与不同人群进行沟通,包括农民、政府工作人员等。学生将学会适应不同的沟通情境和交流对象,处理冲突和解决问题,建立良好的人际关系和合作网络。

通过领导和沟通能力的培养,耕读教育使学生成为具备影响力和有效沟通能力的乡村行政管理人才。这些人才能够在乡村组织中发挥领导作用,协调各方利益,推动乡村发展。他们能够与农民进行有效的沟通,了解他们的需求和意见,协商解决问题,增强农民的参与意识和归属感。他们还能够与政府部门和社会组织进行合作,获取资源和政策支持,为乡村组织的振兴提供推动力。

在乡村组织的振兴过程中,领导和沟通能力是成功的关键因素。耕读教育通过培养学生的领导力和沟通技巧,为乡村组织的发展提供了重要的人才支持。这些具备领导和沟通能力的人才将为乡村振兴注入活力,推动乡村组织的发展和整体提升。

(五)推动乡村治理创新

耕读教育致力于推动乡村治理创新,以适应乡村振兴的需求和挑战。学生在耕读教育中将学习乡村治理的基本理论和实践知识,了解乡村治理的现状和存在的问题。通过学习和实践,他们将提出创新的思路和方法,为乡村治理带来新的变革。

耕读教育注重培养学生的创新意识和创新能力。学生将通过课程学习和实践活动,了解乡村治理中的关键问题和挑战,学习分析和解决问题的方法。他们将思考乡村治理的新思路,提出创新的解决方案,推动乡村治理的改革和创新。

学生在耕读教育中将与农民和乡村居民进行密切互动,了解他们的需求和意见。他们将与农民和乡村居民进行广泛的对话和协商,共同探讨乡村治理的问题和改进的方向。通过与农民和乡村居民的合作,学生能够深入了解乡村的实际情况,更好地提出创新的治理方案,实现乡村治理的创新发展。

耕读教育还鼓励学生参与乡村治理实践项目,通过实际操作丰富实践经验,培养他们在乡村治理中的实践能力。学生将参与乡村治理项目,如农村规划、基础设施建设、社区管理等,通过实践中的探索和实际操作,提升自己的创新能力和问题解决能力。这将为他们在乡村治理中提供宝贵的经验和机会,推动乡村治理的创新发展。

通过推动乡村治理创新,耕读教育为乡村组织的振兴和发展提供了重要的支持。学生在耕读教育中培养的创新意识和创新能力将为乡村治理带来新的思路和方法,推动乡村治理的改革和创新。这将为乡村组织提供更有效的决策,提升乡村治理的效果,推动乡村的可持续发展。

(六)培养风险管理能力

耕读教育注重培养学生的风险管理能力,使他们能够有效应对乡村组织面临的各种风险和挑战。学生将学习风险管理的理论和方法,了解乡村组织所面临的不确定性和潜在风险。他们将分析和评估风险,识别潜在的风险因素,为乡村组织制定相应的风险管理策略。

在耕读教育中,学生将学习风险管理的基本概念和方法,如风险识别、风险评估、风险控制等。他们将通过案例分析和模拟练习,学习如何应对不同类型的风险,如自然灾害、市场变化、政策风险等。学生还将学习如何制订有效的风险管理计划,包括预防措施、危机应对策略和恢复措施,以最大限度地减少潜在的损失。

耕读教育通过实践活动,培养学生在实际情境中应对风险的能力。学生将参与乡村组织的实践项目,如乡村发展规划、农产品市场开拓等。面对实际的风险和挑战,他们将学会灵活应对,寻找解决问题的创新方案,并与团队合作共同应对风险带来的挑战。这样的实践经验将增强学生的风险管理能力,并为乡村组织的稳定和可持续发展提供保障。

通过培养风险管理能力,耕读教育为乡村组织的振兴和发展提供了重要的支持。学生在耕读教育中培养的风险管理能力将帮助乡村组织识别和应对风险,减少潜在的损失和不确定性,增强组织的韧性和适应能力。这将为乡村组织的稳定和可持续发展提供保障,为乡村振兴注入新的动力。

(七)培养道德伦理和公共利益意识

耕读教育重视培养学生的道德伦理和公共利益意识,认识到乡村组织的振兴需要建立在公正、诚信和为民服务的价值观基础上。在耕读教育中,学生将学习乡村组织的伦理准则和道德规范,了解公共利益的重要性以及行政管理中的道德责任。

通过学习和实践,学生将了解并尊重乡村组织的核心价值观,如公正、诚信等;将学习如何以公正的态度对待不同的利益相关者,并树立为民服务的宗旨。

耕读教育通过案例研究、角色扮演等教学方法,培养学生在行政管理中的道德判断和决策能力。学生将面临各种道德困境和冲突,并通过讨论和思考找到合适的解决方案。他们将学会协调公共利益和个人利益之间的关系,并做出符合伦理和公共利益的决策。

耕读教育强调道德伦理和公共利益意识的重要性,旨在培养乡村行政管理人才具备良好的道德品质和社会责任感。学生将成为乡村组织中的榜样,始终坚持公正、诚信和为民服务的原则,为乡村组织的振兴做出积极贡献。他们将带动乡村组织的良好风气和道德氛围,推动乡村治理的提升,实现乡村振兴的长远目标。

在乡村振兴的道路上,乡村组织振兴扮演着不可或缺的角色。耕读教育作为一种注重全面发展和实践能力培养的教育模式,与乡村组织振兴密切相关。本节深入探讨了耕读教育在提供行政管理知识、强化组织与协调能力、推动乡村治理创新、培养道德伦理和公共利益意识等方面的重要作用。

通过耕读教育,可以培养出具备扎实行政管理知识、卓越领导能力和出色沟通技巧的乡村行政管理人才。他们将成为乡村组织中的中流砥柱,为乡村发展注入新的活力和智慧。同时,耕读教育也培养了学生的创新思维和实践能力,推动乡村治理的创新与发展。学生们能够积极应对乡村组织面临的各种挑战,提出新颖的解决方案,为乡村组织的振兴贡献智慧和力量。

此外,耕读教育注重培养学生的组织与协调能力,使他们能够有效管理资源、协调利益关系,推动乡村组织的发展和项目的顺利实施。学生们在实践中学习如何合理组织和规划乡村事务,通过团队合作解决实际问题,为乡村组织的振兴起到积极的推动作用。

同时,耕读教育注重道德伦理和公共利益意识的培养,使学生始终坚守公正、诚信和为民服务的原则。这种高尚的职业道德和责任感使得学生能够积极参与乡村组织的发展,为乡村社区的繁荣贡献力量。

第五节　文化振兴与耕读教育

在乡村振兴战略中,文化振兴是一项至关重要的任务。乡村的文化传承与发展不仅关乎乡村的历史记忆和传统精神,也直接影响到乡村的繁荣和可持续发展。在这个过程中,耕读教育扮演着重要的角色。

耕读教育以培养学生的全面素养和人文精神为目标,注重乡土文化的传承、现代家训家规的弘扬以及乡村艺术和民间文化的发展。通过耕读教育,学生能够深入了解乡村的文化价值和传统智慧,培养对乡土文化的认同感和自豪感。

文化振兴与耕读教育密切相关,它不仅注重学生的学习和培养,也关注整个乡村社区的文化传承和发展。通过弘扬现代家训家规、传承乡土文化、推动乡村艺术和民间文化的发展,耕读教育为乡村的文化振兴提供了重要

101

的支持和推动力。

本节将着重探讨文化振兴与耕读教育之间的紧密联系,以及耕读教育在培养学生对乡土文化的认同感、传承乡村艺术和民间文化方面的作用。通过文化振兴与耕读教育的结合,能够唤起乡村的文化活力,促进乡村的发展与繁荣,实现乡村振兴的目标。

(一)弘扬现代家训家规

弘扬现代家训家规是乡村文化振兴中的重要组成部分。在快速变化的社会背景下,传统的家训家规仍然具有重要的指导意义和价值。耕读教育通过引导学生学习现代家训家规,旨在增进他们对家庭价值观念和道德规范的认同和理解。学生将学习尊重、互助、诚信等现代家庭价值观念,以及良好的行为习惯和道德准则。这将有助于建立和谐、温馨的家庭关系,促进家庭文化的传承和发展。

在耕读教育中,学生将学习如何成为一个负责任的家庭成员,学会关心和尊重家庭成员的需求和感受。他们将培养良好的沟通和解决问题的能力,以建立和谐的家庭氛围。通过家庭活动和交流,学生将逐渐理解家庭的重要性和作用,同时也明白自己在家庭中扮演的角色。

此外,耕读教育还鼓励学生关注社会和环境问题,培养他们的社会责任感和环保意识。学生将学习如何以家庭为单位参与社会公益活动,推动社会发展和环境保护。他们将了解乡村社区的需求,积极参与社区建设和发展,为乡村文化的振兴贡献自己的力量。

通过弘扬现代家训家规,耕读教育致力于培养学生的家庭观念、家庭责任感和家庭文化传承的能力。这不仅有助于促进乡村家庭的稳定和和谐发展,也为乡村文化的振兴奠定了坚实的基础。在家庭的温暖和支持下,学生将更好地面对生活的挑战,成长为有责任感和奉献精神的乡村文化传承者,为乡村的繁荣做出积极贡献。

通过耕读教育,乡村文化将焕发出新的活力,成为乡村振兴的重要推动力量。学生作为乡村文化的传承者和创造者,将以家庭为基础,以现代家训家规为指导,积极推动乡村文化的传承、创新和发展,为乡村的繁荣和乡土文化的振兴做出自己的贡献。

（二）强调乡土文化的价值

乡土文化是乡村振兴中不可或缺的重要组成部分。耕读教育注重乡土文化的传承与发展，通过学习和了解乡土文化的传统知识、技艺和价值观念，培养学生对乡土文化的认同感和自豪感。乡土文化承载着乡村的历史、传统和文化特色，是乡村的精神家园，也是乡村文明的重要源泉。

在耕读教育中，学生将接触到丰富多样的乡土文化资源，如民间传说、手工艺品、乡土戏曲等。他们将学习乡土文化的内涵和特点，了解乡村人民的智慧和创造力。同时，耕读教育也鼓励学生学习和传承乡土文化，如农耕技艺、传统手工艺等。通过学习和实践，学生将亲身体验乡村文化的魅力，深入了解乡村人民的生活方式和价值观念。

强调乡土文化的价值有助于培养学生的文化自信和创新精神。学生将通过学习乡土文化的传统价值观念，如勤劳、勇敢、忍耐等，培养自己的品德修养和道德观念。同时，耕读教育也鼓励学生创新乡土文化，发挥自己的才华和创造力，推动乡村文化的融合与创新。学生将通过艺术表演、创作活动等方式，展现乡土文化的魅力和活力，为乡村文化的传承与发展做出贡献。

乡土文化的振兴不仅对乡村的发展至关重要，也对整个社会具有重要意义。乡土文化是中华民族传统文化的重要组成部分，具有独特的历史和文化价值。通过强调乡土文化的价值，耕读教育致力于培养学生对自己文化传统的认同感，增强学生对多元文化的包容和理解。这将有助于构建一个多元、和谐的社会，促进文化的多样性和繁荣。

（三）弘扬小农精神

小农精神是乡村振兴中不可或缺的重要元素。耕读教育强调小农精神的重要性，鼓励学生发扬勤劳、节俭和朴实的农民精神。小农精神体现了农村人民对于耕耘土地、创造财富的努力和执着，是乡村经济发展和乡村文化繁荣的重要基石。

在耕读教育中，学生将了解小农精神的内涵和特点。他们将学习农民的勤劳努力、不畏艰辛的工作态度，以及节俭、朴实的生活方式。学生将通过实际操作和实践活动，锻炼自己的实际操作能力，培养自主创新意识和艰苦奋斗精神。他们将亲身体验农耕劳作、农产品加工等实践活动,深入了解农村经济的发展过程。

弘扬小农精神有助于激发学生在农村产业中的积极性和创造力。小农精神强调自力更生、勤劳致富的农民意识,鼓励农村居民通过自己的努力和创新来改善生活和发展农村经济。耕读教育通过教育和培养,让学生认识到农村产业的潜力和机遇,激发他们在农村经济中发挥积极作用的热情和动力。学生将通过学习和实践,培养自己的创业意识和创新精神,积极参与乡村产业的发展和创新。

小农精神的弘扬不仅对农村经济的发展具有重要意义,也对整个社会具有积极影响。小农精神强调勤劳、节俭、朴实的价值观,这些价值观在现代社会中仍然具有重要意义。通过弘扬小农精神,耕读教育培养学生的责任感、奉献精神和社会责任感。他们将以小农精神为指引,关注农村社区的发展,为社会的进步和和谐做出积极贡献。

通过耕读教育,小农精神将得到更加广泛的传承和弘扬。学生作为小农精神的传承者和践行者,将以自己的实际行动和创造力,为乡村的振兴和小农经济的发展做出自己的贡献。他们将坚守农村,追求卓越,为乡村的繁荣和农民的幸福而努力。

(四)传承乡村艺术和民间文化

乡村艺术和民间文化是乡村文化的重要组成部分,具有丰富的历史、独特的表现形式和深厚的文化底蕴。耕读教育注重传承和弘扬乡村艺术和民间文化的独特魅力,旨在让学生了解和欣赏乡村的艺术之美,增强乡村文化的多样性和创造力。

通过学习传统艺术形式,如音乐、舞蹈、戏剧、绘画等,学生可以深入了解乡村艺术的历史渊源和表现特点。他们将学习乡村艺术的技巧和艺术表达方式,发掘乡村艺术的美感和内涵。耕读教育为学生提供丰富的艺术体验和学习机会,让他们参与乡村艺术的创作和演出,展示自己的才华和创造力,推动乡村艺术的传承和发展。

此外,学生还将接触民间故事、传统手工艺等民间文化的传统知识和技能。他们将学习乡村民间文化的传承方式和价值观念,了解乡村社区的历史和传统习俗。耕读教育通过组织学生参与民间文化活动和传统手工艺制作,培养他们对乡村传统文化的尊重和保护意识,传承和发展乡村的独特文化遗产。

乡村艺术和民间文化的传承对于乡村的振兴和文化繁荣具有重要意义。乡村艺术和民间文化体现了乡村社区的历史、风土人情和精神追求。通过弘扬乡村艺术和民间文化,耕读教育增强了乡村文化的多样性和创造力,提升了乡村社区的文化自信和认同感。

传承乡村艺术和民间文化不仅为学生提供了丰富的文化体验和艺术修养,也为乡村社区带来了经济和社会的发展机遇。乡村艺术和民间文化具有独特的吸引力和市场价值,通过开展相关的文化活动和艺术展示,可以吸引更多的游客和投资,促进乡村旅游和文化产业的发展。

通过耕读教育,乡村艺术和民间文化的传承将得到更加广泛的关注和支持。学生作为乡村艺术和民间文化的传承者和创新者,将用自己的才华和创造力,为乡村文化的繁荣和乡村振兴做出贡献。他们将在乡村艺术和民间文化的传承中发现自己的激情和价值,为乡村社区带来文化的繁荣。

(五)推动文化创意产业发展

文化创意产业是乡村发展的重要组成部分,具有较好的发展潜力和经济效益。耕读教育关注文化创意产业的发展,致力于培养学生在文化创意领域的创新思维和创业能力,以推动乡村文化的振兴和乡村经济的繁荣。

通过学习文化创意产业的相关知识和技能,学生能够深入了解文化创意产业的发展趋势、市场需求和商业模式。他们将学习如何挖掘和利用乡村的文化资源,如历史遗迹、民俗文化、传统工艺等,进行创意设计和产品开发。耕读教育注重培养学生的创意思维和设计能力,激发他们在文化创意领域的创新意识和创业精神。

学生通过实践项目和创业实践,将学到的知识和技能应用于实际的文化创意项目中。他们将参与乡村文化产品的设计、制作和推广,开展文化创意企业的运营和管理。耕读教育提供创业培训和支持,帮助学生掌握创业的基本知识和技能,了解市场营销和品牌建设等方面的要素,为他们的创业之路提供坚实的基础。

文化创意产业的发展不仅为乡村带来经济效益,也提升了乡村的文化形象和吸引力。通过文化创意产业的发展,乡村可以打造独特的文化品牌,提供丰富多样的文化产品和服务,吸引更多的游客和投资。同时,文化创意产业的发展还促进了乡村居民的收入增长,改善了乡村居民的生活质量。

耕读教育旨在培养学生在文化创意产业中的创新能力和创业精神,为乡村文化的振兴和乡村经济的繁荣做出贡献。通过学生的努力和创造力,乡村文化创意产业将焕发出勃勃生机,为乡村振兴注入新的经济活力,同时传承和弘扬乡村的独特文化。

(六)强化乡村书院教育

乡村书院教育是传统的教育形式,具有深厚的历史和文化内涵。耕读教育强调乡村书院教育的重要性,通过恢复和发展乡村书院,致力于为学生提供优质的教育资源和学习环境。

乡村书院是一个以培养学生综合素养和人文精神为目标的学习场所。乡村书院注重培养学生的品德修养和道德观念,通过师长的教导,引导学生形成正确的价值观和行为准则。

乡村书院的发展不仅有助于提供优质的教育资源,还促进了乡村文化的繁荣。乡村书院是传承和弘扬乡土文化的重要载体,通过学习传统文化和乡土知识,学生能够增强对乡村文化的认同感和自豪感。乡村书院也是培养乡村知识分子的摇篮,他们将成为乡村发展的中坚力量,为乡村振兴贡献自己的智慧和力量。

耕读教育致力于恢复和发展乡村书院,为乡村学生提供全面的教育。耕读教育将提供适应乡村特点的课程设置和教学方法,注重培养学生的创新思维、批判思维和合作精神;同时,将为乡村书院提供优质的师资和教育资源,吸引优秀的教育人才来到乡村执教,为学生提供高质量的教育服务。

(七)弘扬农耕文化

农耕文化是农村社会的重要组成部分,承载着丰富的历史、智慧和传统价值观。耕读教育注重弘扬农耕文化,学生通过学习和体验,深入了解农耕文化的价值和意义。

农耕文化是农村社会的精神财富,它包含了丰富的农事知识、农业技术以及传统的农作物种植、养殖和农产品加工等方面的经验。通过学习农耕文化,学生能够了解农业生产的基本原理和技巧,掌握传统的耕作方法和农事知识,提高农业生产的效益。

农耕文化也承载着人们对土地、自然和生活的独特情感和态度。它强调了人与自然的和谐共生,注重生态保护和资源的合理利用。通过学习农耕文化,学生能够培养对自然环境的敬畏之心和保护意识,形成可持续发展的生活方式和价值观。

农耕文化是乡村社区凝聚力和身份认同的重要源泉。弘扬农耕文化,可以增强乡村居民的归属感和自豪感,提高社区的凝聚力和稳定性。同时,农耕文化也是乡土文化的一部分,它反映了乡村地域特色和人民智慧的结晶。通过学习和传承农耕文化,学生能够深入了解乡土文化的多样性和独特之处,为乡村文化的传承和繁荣做出贡献。

耕读教育将注重弘扬农耕文化,通过课程设置和实践活动,使学生深入了解农耕文化的历史渊源、传统技术和农事知识;将组织学生参与农耕体验活动,亲身感受农耕文化的魅力和实践价值;同时,将与农村社区和农民合作,开展农耕文化传承项目,促进传统技艺和知识的传承。

通过弘扬农耕文化,耕读教育旨在培养学生对农业、农村和乡土文化的热爱,推动农耕文化的传承和发展。通过学习和传承农耕文化,学生将更好地理解农村的特殊价值和意义,为乡村振兴注入新的文化动力和活力。

(八)促进文化交流与合作

耕读教育鼓励学生参与文化交流与合作活动,与其他地区或国家的学生进行交流,分享各自的乡村文化和经验。这种跨地区、跨文化的交流与合作有助于拓宽学生的视野,增进对不同地域和文化的理解与尊重。

通过文化交流与合作,学生可以互相借鉴和学习,了解其他地区或国家的乡村文化特色和发展经验。他们可以通过互动交流,分享各自的乡村文化、艺术形式、传统手工艺等,增强文化的多元性和创新性。这种跨文化的交流与合作不仅有助于丰富学生的文化体验,也为乡村文化的传播和发展提供了新的动力和机遇。

文化交流与合作还能促进不同乡村之间的互动与合作,推动乡村文化的繁荣。通过交流与合作,学生可以相互学习、借鉴,共同面对和解决乡村发展中的问题。他们可以共同开展文化节庆活动、展览展示等,推动乡村文化的传播与推广,提升乡村的知名度和吸引力。

此外,文化交流与合作也有助于促进乡村与城市之间的互动与合作。通过与城市学校或文化机构的合作,乡村学生可以参观城市的文化机构、艺术展览等,拓宽视野,了解城市文化的多样性和现代化发展。同时,城市学生也可以深入乡村,感受乡村文化的魅力,亲身参与乡村的艺术、手工艺制作等活动,促进城乡文化的交流与融合。

耕读教育将积极推动文化交流与合作的开展,组织学生参与各类文化交流活动,促进乡村文化的传播和繁荣;将鼓励学生主动参与国内外的文化交流项目、文化艺术展览等,提升学生的跨文化交流和合作能力。通过文化交流与合作,学生将深入了解和感受不同文化的独特之处,培养跨文化沟通与合作的能力,为乡村文化的振兴和发展做出积极贡献。

在乡村振兴战略中,文化振兴与耕读教育扮演着不可或缺的角色。通过注重现代家训家规、乡土文化、小农精神、乡村艺术和民间文化的弘扬,以及推动文化创意产业发展、强化乡村书院教育和促进文化交流与合作,耕读教育为乡村的文化振兴贡献了重要力量。

通过耕读教育,学生不仅能够深入了解和尊重乡村的文化价值,还能够培养家庭责任感、良好的行为习惯以及创新、合作和领导能力。耕读教育培养了学生终身学习的意识,使他们能够持续学习和适应新变化,为乡村的发展提供持续的人力资源支持。文化振兴与耕读教育相互促进、相辅相成。通过耕读教育,乡村的文化资源得以传承、发展和创新,乡村的人文精神得到强化,为乡村振兴注入了新的活力和动力。在实现文化振兴与乡村振兴的过程中,要充分发挥耕读教育的作用,培养具有创新精神和责任感的乡村人才,传承和弘扬乡村的文化传统,推动乡村社区的繁荣和可持续发展。

第六节　生态振兴与耕读教育

生态振兴与耕读教育是当前乡村振兴战略中不可或缺的重要组成部分。随着生态环境问题的日益突出和社会对可持续发展的呼吁,保护生态环境和实现可持续农业发展成为当务之急。耕读教育作为一种全面发展学生的教育模式,注重培养学生对生态保护的意识和责任感,并强调生态文明建设的重要性。通过教育和实践,耕读教育培养学生的生态技术与管理能力,推动农业生产向生态友好型转变,促进可持续发展。本节将探讨耕读教育在增强生态保护意识、促进生态文明建设、推动生态农业发展等方面的作用,旨在为实现生态振兴和农村可持续发展提供有益的参考和思路。

(一)增强生态保护意识

增强生态保护意识是耕读教育的重要任务之一。耕读教育通过多种途径和方法培养学生对生态保护的意识。

第一,耕读教育将生态保护融入课程设置中。学生将学习生态学、环境科学等相关课程,深入了解生态系统的构成、功能和演化规律,了解人类活动对生态环境的影响。通过系统的学习,学生能够认识到自然资源的有限性和生态平衡的脆弱性,从而形成保护环境的意识。

第二,耕读教育鼓励学生参与生态保护的实践活动。学生将有机会参与环保组织或社区的活动,如植树造林、湿地保护、野生动物保护等,亲身体验生态保护工作的重要性和实际操作的方法。通过实践活动,学生将深入了解环境问题的现实挑战,培养解决问题的能力和实践动手的精神。

第三,耕读教育倡导学校与社区的合作,开展环保项目。学生与当地社区居民、环保组织合作,共同推进生态保护工作。通过参与社区环境整治、垃圾分类、水源保护等项目,学生将更加直观地感受到生态环境的变化,进一步增强生态保护的意识。

第四,耕读教育通过案例教学和讲座等形式,向学生介绍生态保护的成功经验和先进技术。学生将了解国内外的生态保护案例,学习生态保护的前沿知识和技术。这种知识的传递和分享激发了学生对生态保护的兴趣和热情,促使他们积极参与到生态保护中。

第五,耕读教育还注重培养学生的环保意识和习惯。学生将养成节约能源、减少垃圾、保护水资源等环保行为的习惯,将环保理念贯穿于日常生活中。这种环保意识和习惯的养成将成为学生终身的价值观和行动准则。

(二)促进生态文明建设

耕读教育通过教育和引导学生了解生态文明的核心理念和实践要求,使他们认识到生态文明对乡村振兴的重要性和必要性。

耕读教育通过教学和课程设置,使学生了解生态文明的基本概念和内涵。学生将学习生态文明的核心价值观,如生态优先、绿色发展、循环利用等。他们将了解生态文明建设的重要目标,包括保护生态环境、促进资源循环利用、推动绿色发展等。

耕读教育注重培养学生的生态意识和环境保护的责任感。学生将学习生态系统的基本知识,了解生态环境的脆弱性和可持续性。通过了解环境问题的现状和挑战,学生将培养保护环境的意识,积极参与到生态文明建设中。

耕读教育鼓励学生参与生态保护和环境治理的实践活动。学生将有机会参与生态保护项目,如植树造林、湿地保护、水源保护等。通过亲身参与实践,学生将深入了解生态环境问题的复杂性和挑战性,增强解决问题和保护生态环境的能力。

此外,耕读教育注重生态文明与可持续发展的结合。学生将学习绿色发展的理念和模式,了解资源的可持续利用和循环经济的原则。他们将学习如何在农村产业中推动绿色发展,减少污染、节约资源,并促进生态环境的恢复和保护。

耕读教育还注重向学生传递生态文明建设的成功案例和先进经验。通过案例教学和讲座等形式,学生将了解国内外的生态文明建设成果,学习先进的生态保护技术和管理经验。这种知识的传递和分享将激发学生对生态文明建设的兴趣和参与热情,促使他们在乡村振兴中积极投身于生态保护和可持续发展的实践中。

(三)推动生态农业发展

耕读教育重视推动生态农业的发展,以实现农业生产的可持续性和生态环境的保护。学生将参与生态农业的学习、实践和推广,以推动农业生产向生态友好型转变。

耕读教育能加深学生对生态农业的认识和理解。学生将学习生态农业的基本原理,了解生态农业与传统农业的区别和优势。他们将了解生态农业的概念、原则和技术,如有机农业、自然农法、生态种植等,以及生态农业对土壤、水源和生物多样性的影响。

耕读教育将培养学生的生态农业技术。学生将学习生态农业的实施技术和方法,如有机肥料的制备和应用、生物防治、生态灾害防控等。他们将了解如何有效地利用农业资源、减少化学农药的使用、促进土壤健康和保护农作物的生态平衡。

耕读教育鼓励学生参与生态农业的实践。学生将有机会参与农田的生态改造、有机农产品的种植、农业废弃物的处理等实践活动。通过亲身参与,学生将深入了解生态农业的实际操作,学习解决实际问题的能力和技巧。

耕读教育还鼓励学生参与生态农业的推广与普及。学生将学习如何向农民和乡村社区推广生态农业的概念和技术,传授生态农业的实施方法和经验。他们将与农民合作,共同探索生态农业的实践途径,增进农民对生态农业的认知。耕读教育注重与农业科研机构和专家的合作与交流,以提升学生在生态农业领域的能力和水平。学生将有机会参与农业科研项目,与专家学者进行互动和合作,了解最新的生态农业技术和研究成果。

耕读教育致力于推动生态农业的发展,学生通过学习、实践和推广,能够推动农业生产向生态友好型转变。学生将学习生态农业的原理和技术,参与生态农业的实践,与农民共同探索可行的实施途径,为实现农业的可持续发展和生态系统的恢复做出贡献。只有倡导和实践生态农业,才能实现农业的绿色化、可持续化,为乡村生态振兴和社会的可持续发展做出积极贡献。

（四）培养生态技术与管理能力

耕读教育致力于培养学生在生态技术与管理方面的能力，以应对乡村生态振兴的需求。学生将学习先进的生态技术和管理方法，了解生态系统的特点、功能和脆弱性，提高保护和恢复生态的实际操作能力。

耕读教育将提供学生学习生态技术的机会。学生将学习现代生态学的基本概念和原理，了解生态系统的结构和功能。他们将学习各种生态技术，如生态修复、水土保持、资源循环利用等，以提高生态环境的质量和可持续性。

耕读教育将培养学生的生态管理能力。学生将学习生态管理的基本理论和方法，包括生态评估、生态规划、生态监测等。他们将了解乡村生态系统的特点和脆弱性，掌握有效的管理策略和措施，以实现生态保护、恢复和可持续发展的目标。

耕读教育注重学生在实践中培养生态技术与管理能力。学生将有机会参与生态保护和恢复项目，亲身实践生态技术和管理方法。他们将通过实地考察、数据收集和分析等活动，掌握实际操作技能，并了解生态保护和恢复的实际情况。

耕读教育还将提供相关课程和培训，以增强学生的生态技术与管理能力。学生将学习有关生态系统保护、生态灾害防治、生物多样性保护等方面的知识，掌握生态管理的法律法规和政策框架。他们将通过模拟实践、案例分析和团队合作等方式，培养解决生态问题的能力和团队协作精神。

此外，耕读教育注重与相关机构和专业人员的合作与交流，以提升学生的生态技术与管理能力。学生将有机会参与学术研讨会、行业交流会等活动，与专家学者和从业人员进行互动和讨论，深入了解最新的生态技术和管理理念。

（五）加强生态保护与农业生产的结合

耕读教育强调将生态保护与农业生产有机结合，以实现农业生产的高效性和生态环境的保护。这种有机结合的方式旨在保持农业发展与生态振兴之间的平衡，使农业生产与生态保护相互促进、相得益彰。

耕读教育致力于教育学生学习关于农业生态化的知识和理念。学生将学习生态系统的基本原理和农业生态化的概念，了解农业生态化的重要性和价值。他们将了解农业生产对生态环境的影响，并学习如何通过合理的农业管理和技术手段来减少负面影响，保护生态环境。

　　耕读教育将培养学生的农业生态化技术。学生将学习科学种植技术、合理施肥、病虫害防治等农业生态化的实施方法。他们将了解如何利用生物多样性来控制害虫和病害，减少对化学农药的依赖，保持农田的生态平衡和土壤的健康。

　　耕读教育鼓励学生参与生态农业的实践。学生将有机会参与生态农业的实际操作，如有机农作物的种植、农业废弃物的处理和资源回收利用等。通过亲身参与，学生将深入了解生态农业的实际操作，学习如何将生态保护与农业生产紧密结合，实现农业的可持续发展。

　　耕读教育还鼓励学生参与农业生态化的推广与普及。学生将学习如何向农民和乡村社区推广农业生态化的理念和技术，传授农业生态化的实施方法和经验。他们将与农民合作，共同探索适合本地区的农业生态化实践模式，提升农民对农业生态化的认知。

　　此外，耕读教育鼓励学生参与农业科研项目和创新实践，以推动农业生产的生态化发展。学生将有机会参与生态农业的研究和创新实践，探索新的农业生态化技术和模式，为农业的生态化发展提供科学支持和创新方案。

　　耕读教育倡导将生态保护与农业生产有机结合。只有通过有机结合，增强农业生产的高效性和生态环境的保护，才能实现农业的可持续发展，为生态振兴和农村的可持续发展做出贡献。

（六）推广可持续发展理念

　　耕读教育致力于推广可持续发展的理念，旨在使学生认识到经济发展与环境保护之间的紧密关系。学生将学习可持续发展的原则和实践案例，培养环境友好型的价值观和行为习惯。

　　耕读教育将向学生传授可持续发展的核心理念。学生将了解可持续发展的概念、原则和目标，即在满足当前需求的同时，保护自然资源，确保子孙后代的可持续发展。学生将认识到经济、环境和社会三者之间的相互关系，以及可持续发展对于实现经济长期繁荣的重要性。

耕读教育将通过案例研究和实践活动来展示可持续发展的实践经验。学生将学习国内外的可持续发展案例,了解不同行业和地区在可持续发展方面所取得的成就和面临的挑战。通过参与实践活动,如环境保护、资源回收利用和能源节约等,学生将亲身体验可持续发展的实践,并体会到可持续发展所带来的益处。

耕读教育还将培养学生的环境友好型价值观和行为习惯。学生将了解尊重自然、保护环境的重要性,并积极参与环境保护和可持续发展的行动。他们将改变日常生活中的消费习惯,养成节约能源和资源的行为,为实现可持续发展贡献力量。

此外,耕读教育还鼓励学生在不同领域中推动可持续发展。学生将参与可持续发展相关的项目和组织,如环境保护组织、可持续农业项目等。他们将与其他利益相关者合作,共同推动可持续发展的实践和创新,为实现全球可持续发展目标做出贡献。

(七)加强生态教育与社区参与

耕读教育非常重视生态教育与社区参与,并鼓励学生积极参与这些活动。通过开展环境保护宣传和教育,耕读教育旨在增强学生的环保意识和责任感。学生将学习关于生态系统、物种多样性和生态平衡的知识,了解人类活动对环境的影响,并探索可持续生态系统的保护和恢复方法。

此外,耕读教育还鼓励学生参与社区的生态保护和恢复项目。学生将与当地社区和环保组织合作,开展生态志愿服务活动,如植树造林、水域清理和野生动物保护等。通过实际参与和亲身体验,学生将深入了解当地生态环境的问题和挑战,并积极为生态振兴贡献自己的力量。

耕读教育还鼓励学生与社区居民合作,共同推动生态教育和环境保护。学生将与社区居民开展环保宣传和教育活动,分享环境保护的知识和经验。他们还将组织社区居民参与生态项目,共同关注和保护社区的自然资源和生态环境。

通过生态教育与社区参与的结合,耕读教育旨在培养学生的环保意识、社区责任感和参与能力。学生将学会关心和保护自然环境,成为环保行动的倡导者和推动者。他们将了解到环境保护与社区发展的紧密联系,并通过合作与共同努力,实现生态振兴与社区的协同发展。

最终,耕读教育希望通过加强生态教育与社区参与,让学生认识到每个人都有责任保护和改善环境。只有通过共同努力,我们才能创造一个更加美丽和可持续的生态环境,为后代留下宜居的家园。

生态振兴与耕读教育的关系密不可分,二者共同推动着乡村振兴战略的可持续发展。通过培养学生对生态保护的意识、传递生态文明的价值观、推动生态农业的发展以及加强生态教育与社区参与,耕读教育为实现生态振兴提供了有力支持。

在耕读教育的指导下,学生不仅能够了解生态环境的重要性,还能够掌握生态技术与管理能力,将可持续发展理念融入农业生产中,促进生态环境的保护和农村生态系统的恢复。同时,耕读教育注重培养学生的环保意识和社区责任感,通过生态教育和社区活动,使学生深入了解生态振兴的实践和重要性。

生态振兴与耕读教育的结合不仅有助于实现乡村的绿色发展和生态平衡,还为乡村社区提供了更加健康、宜居的生活环境。这不仅是对农业和生态环境的保护,也是对农村文化的传承和发展的重要举措。

通过共同努力,我们可以实现生态振兴与农村可持续发展的良性循环,建设美丽乡村,为子孙后代留下绿水青山。让我们秉持耕读教育的理念,以生态振兴为目标,共同努力,为乡村的繁荣和可持续发展贡献力量。

第五章　耕读教育体系与实施

耕读教育作为一种注重农村教育发展的创新模式,以其独特的理念和实践方法,为乡村振兴提供了新的思路和路径。本章将重点探讨耕读教育的体系构建与实施,旨在建立一套适应乡村发展需求的教育模式,培养符合时代要求、能够为乡村振兴做出贡献的优秀人才。

第一节将介绍耕读教育人才培养模式,强调多主体协同、面向乡村、耕读结合的培养理念。此外,还将重点关注耕读教育评价考核机制的创新。

第二节将重点讨论耕读课程体系的构建,包括理论课程和实践课程。在理论课程方面,将介绍耕读文明、耕读科技、乡情民俗和乡村治理等课程内容。而在实践课程方面,将关注技术技能型实践课程、专业实习实践课程、创新创业课程以及耕读教育与校园文化的融合。此外,还将探讨耕读教育实践基地的建设,包括校内实践基地和校外实践基地。

第三节将着重介绍耕读教育师资建设,包括农业技术特派员、教师科技挂职制度、教练型讲师团队等。此外,还将探讨客座教师的引入与合作。

第四节将重点探讨耕读教育的课程设计与教学模式,包括课程设计原则、活动式教学模式、实践与理论融合的教学模式、项目驱动的教学模式等。

第五节将关注耕读教育实施中的管理与评估,包括教育资源的整合与配置、师资队伍的管理与培养、学生发展的全程跟踪与支持、教育质量的评估与监控,以及与社会合作伙伴的合作与共建。

通过本章的探讨,旨在进一步完善耕读教育的体系构建与实施,为农村教育提供更加科学、实用的教育模式,促进乡村振兴的可持续发展。同时,也将为其他地区和国家的乡村教育改革提供有益的参考和借鉴。

第一节　耕读教育人才培养模式

耕读教育作为一种注重农村教育发展的新模式,强调培养适应乡村振兴需要的优秀人才。本节将介绍耕读教育的人才培养模式,包括多主体协同的培养模式,面向乡村的人才培养,耕读结合的因地制宜,探索创新的教育、科技、人才融合发展模式及机制,以及创新耕读教育的评价考核机制。

(一)多主体协同的培养模式

多主体协同的培养模式是耕读教育体系中的一个重要特点。在这种模式下,各主体共同参与学生的培养过程,各尽其责,相互合作,共同促进学生的全面发展。

首先,学校作为主要责任方,承担教育教学的任务。学校通过提供优质的教育资源、制定科学合理的课程设置和教学计划,为学生提供系统的学习机会。学校教师运用专业知识和教育经验,引导学生的学习,提供学术指导和支持,培养学生的学科素养和综合能力。

其次,家庭在多主体协同的培养模式中起到重要作用。家庭提供生活和情感支持,为学生创造良好的成长环境。家庭教育的价值观传递和情感关怀,对学生的性格塑造和道德发展具有重要影响。家长与学校保持密切的沟通和合作,共同关注学生的学业进展和综合素养培养。

最后,社会和产业也是多主体协同的重要参与方。社会资源和产业实践为学生提供了丰富的实践机会和就业创业支持。学生通过参与社会实践活动、实习实践或产业合作项目,获得实际经验和技能。社会和产业界的专业人士、企业家等也可以担任导师或指导老师的角色,为学生提供实际指导和专业知识的分享。

多主体协同的培养模式要求各主体之间密切配合、紧密合作。学校、家庭、社会和产业应建立有效的沟通机制,共同制定培养目标和方案,并定期评估和反馈学生的发展情况。通过多主体的合作,学生能够得到全方位的关注和支持,成为更具综合素养和适应能力的优秀人才。

在耕读教育的多主体协同的培养模式下,学校、家庭、社会和产业各方共同努力,形成有机的合作网络,为学生提供全面的教育和发展机会,促进学生的全面成长和能力提升。这种模式的实施不仅有利于学生的个人发展,也有助于乡村振兴战略的实施,推动农村教育的发展和社会进步。

(二)面向乡村的人才培养

面向乡村的人才培养是耕读教育的核心目标之一。乡村作为我国农业和农村发展的基础和关键领域,需要具备适应其特点和需求的专业人才。耕读教育将学生的学习和实践重点放在乡村,通过深入乡村实践,促进学生对乡村经济、社会和环境的深刻理解。

在面向乡村的人才培养中,学生将积极参与乡村实践活动,与农民和乡村居民亲密接触,了解他们的生活方式、思想观念和需求。通过实践,学生能够亲身体验乡村的工作和生活环境,感受农民的辛勤劳作和对土地的热爱,增进对乡土情怀的理解和认同。

同时,耕读教育注重传授学生在乡村发展中所需的专业知识和技能。学生将学习农业科学、农村经济、农村社会学等相关学科的理论知识,并通过实践课程和专业实习加以实践应用。他们将学习农业生产技术、农村治理方法和乡村文化的传承与创新,为乡村振兴贡献自己的专业能力。

面向乡村的人才培养也强调学生的社会责任感和使命感。耕读教育通过培养学生的乡土情怀、社会意识和责任感,激发学生对乡村振兴事业的热情。学生将以乡村为主战场,通过自身的努力,为乡村的发展和进步做出积极贡献。

面向乡村的人才培养是耕读教育的独特之处,它不仅强调学生的专业素养和综合能力的培养,更注重培养学生的乡土情怀、社会责任感和为乡村振兴贡献力量的意识。这种人才培养模式旨在培养一批适应乡村发展需求的专业人才,为乡村振兴和可持续发展做出积极贡献。

(三)耕读结合的因地制宜

耕读教育的核心理念之一是因地制宜,它强调根据不同地区的实际情况和需求,灵活地设计培养方案和课程。耕读教育将充分考虑地方的资源禀赋、产业发展和文化传承等因素,通过与当地的特色和需求相结合,培养学生适应并推动当地农村发展的能力。

在因地制宜的实践中,耕读教育将关注以下几个方面:

首先,耕读教育将积极了解和分析当地的农村经济、社会和环境状况,深入了解当地的发展需求和挑战。通过与当地农民和社区居民的亲密接触,学生将深入了解当地的资源禀赋、产业结构、农村治理和乡村文化等方面的情况,为因地制宜的实践提供依据。

其次,耕读教育将根据当地的实际情况,灵活设计培养方案和课程。学校将结合当地的特色产业和发展需求,设置相关的专业课程和实践环节,培养学生在该领域的专业能力和实践经验。同时,还将注重传承和弘扬当地的乡土文化和传统技艺,增进学生对当地文化的理解和认同。

再次,耕读教育将充分发挥自身的特色和优势,结合当地的实际情况,创新教育模式和内容。通过引入现代科技手段,例如数字农业、智慧农业等,将创新的农业技术和管理方法融入教学和实践中,提高学生的专业素养和创新能力。

最后,耕读教育将建立与当地社区、企业和政府等多方合作的机制,促进校地合作、校企合作和校政合作。通过与当地各方的合作与共建,充分利用外部资源和平台,为学生提供更多的实践机会和就业创业支持,使他们能够更好地适应当地的发展需求和就业市场。

因地制宜是耕读教育实施的基本原则,它旨在充分发挥地方资源的优势,培养适应当地农村发展需求的专业人才。通过因地制宜的教育实践,耕读教育将为乡村振兴提供有针对性的人才支持,推动农村经济的发展、社会的进步和乡村文化的传承。

(四)探索创新的教育、科技、人才融合发展模式及机制

耕读教育致力于探索创新的教育、科技、人才融合发展模式及机制,旨在为乡村振兴提供全面支持和创新动力。在这一模式中,教育、科技和人才相互关联、相互促进,共同推动乡村的发展和繁荣。

首先,耕读教育将致力于整合教育资源,搭建跨学科、跨领域的学习平台。学校将积极与各类教育机构、研究机构、社会组织等合作,共享资源、整

合力量,构建全方位、多层次的教育体系。通过开展跨学科的合作研究和项目实践,学生能够获得更广泛的知识,提升综合素养,成为具备创新思维和解决问题能力的人才。

其次,耕读教育将积极探索创新的教学方法和教育技术的应用。通过引入现代化的教育技术工具和创新的教学模式,例如在线教育、远程教育、虚拟实境等,为学生提供更灵活、多样化的学习方式。这不仅能够满足学生个性化学习的需求,还能够提高教学效果和培养学生的信息技术能力。

再次,耕读教育将注重推动科技创新和农业技术的应用。学校将与科研机构、农业企业等合作,积极开展农业科技创新研究和实践项目。学生将有机会参与科技创新团队,运用前沿的科技手段解决实际农业问题,推动农业生产方式的转型升级。

最后,耕读教育将注重培养创新人才和创业精神。学校将开设创新创业课程,培养学生的创新思维和创业意识。通过创新实践和创业项目的引导,学生将获得创新创业的实际经验,培养自主创新、团队协作和市场拓展能力,为乡村振兴注入创新动力。

为了支持这一融合发展模式的实施,耕读教育还将建立相应的机制和平台,例如建设创新创业园、设立科技创新基金、推动产学研合作等,为学生和教师提供创新创业的支持和资源。

通过教育、科技和人才的融合发展,耕读教育将为乡村振兴提供全面支持和动力。这一模式的推行将激发学生的创新潜能,培养学生的创新意识,推动农村经济的转型升级,促进乡村社会的发展和进步。同时,它也为教育领域的发展提供了新的思路和实践范例。

(五)创新耕读教育的评价考核机制

为了创新耕读教育的评价考核机制,我们需要采用一种多元化、综合性的评价方式,以更准确地评估学生的学习成果和能力发展。以下是一些可能的创新评价考核机制的方式:

第一,项目评估是一种重要的评价方式。学生可以通过参与实际项目,展示他们应用所学知识和技能的能力。项目评估可以基于学生的项目成果、解决问题的能力、团队合作等方面进行评估,以真实的项目实践来反映学生的综合素质和能力水平。

第二，实践评估是另一种重要的评价方式。耕读教育注重学生的实践能力培养，因此，通过对学生参与实践活动的表现进行评估，可以更好地了解他们在实践中所获得的经验和能力。实践评估包括实地考察、实习报告、实践成果展示等，能客观地评估学生在实践中的表现和成长。

第三，综合评价是一种综合性的评价方式，综合考虑学生的学业成绩、实践表现、创新能力、团队合作等多个方面的因素。这种评价方式不仅能够更全面地了解学生的综合素质，还能够鼓励学生在多个领域全面发展。综合评价可以通过学生档案、综合能力评估报告等形式进行，以全面展示学生的学习成果和能力发展情况。

第四，还可以考虑引入学生自评和同伴评价的方式，让学生参与到评价过程中，对自己的学习成果和能力进行自我评估，并与同伴进行互评。这种方式可以促进学生的自主学习和互动交流，培养学生的自我认知和团队合作能力。

在创新耕读教育的评价考核机制中，还应该注重定性和定量相结合，注重过程和结果相结合。除了关注学生的学业成绩，还应该注重学生的综合素质和能力发展的过程。同时，还可以利用技术手段和数据分析，为评价提供更科学、客观的依据。

第二节 耕读课程体系

耕读课程体系旨在通过多学科、多层次、多元化的课程设置，培养学生全面发展、适应乡村发展需求的能力，同时融入耕读教育的理念与特色。这一节将介绍耕读教育理论课程和实践课程的内容与目标，涵盖耕读文明、耕读科技、乡情民俗、乡村治理等课程内容，旨在使学生深入了解乡村文化、农业科技、乡村社会治理等方面的知识与技能。耕读课程体系的设计与实施将为乡村振兴事业注入新的活力，培养更多热爱乡村、有责任心、具有实践能力的优秀人才，推动中国乡村的发展与繁荣。

（一）耕读教育理论课程体系

耕读教育理论课程体系是耕读教育的重要组成部分,旨在传承和弘扬乡村的文化遗产、培养科学素养以及加深对乡村治理和发展的认知。通过这一课程体系的学习,学生将深入了解乡村的历史与文化,掌握现代科学技术的应用,了解乡村治理与发展的理论与实践,为成为能够适应乡村需求的全面发展型人才奠定坚实的基础。引导学生在耕读教育理论课程的学习中深化对乡村文明、科技、民俗和治理的认知,从而激发他们对乡村振兴事业的热爱。

1.耕读文明课程

耕读文明课程是耕读教育体系中的重要组成部分,旨在传承和弘扬乡村的文化遗产和优秀传统。通过耕读文明课程的学习,学生将深入了解乡村文化的精髓和独特魅力,培养对乡村文化的认同感和自豪感。

在耕读文明课程中,学生将学习乡村文化,包括乡村特色的文学、乡土诗词、歌赋等。通过阅读和欣赏经典文学作品,学生将领略乡村文学的深沉内涵和情感表达,感受乡村文化的温情和真挚。此外,学生还将学习书法、美术和音乐等艺术形式,体验乡村艺术的独特魅力,培养对传统艺术的欣赏与理解能力。

通过实践活动,学生将参与传统艺术表演和文化活动,亲身感受乡村文化的魅力。例如,学生可以参与乡村的文艺演出,展示自己的才艺,弘扬乡村文化;还可以参加传统节日庆祝活动,体验乡村的民俗风情。这些实践活动将使学生更加深入地了解和体验乡村文化的传承与发展,从而增强对乡村文化的认同感和自豪感。

耕读文明课程的学习还将激发学生对文化传承的热爱与责任感。在学习乡村文化的过程中,学生将认识到乡村文化是乡村发展的重要支撑,是乡民精神家园的根基。他们将意识到自己作为耕读教育的学生,有责任和使命传承乡村文化,让乡村文化在新时代绽放新的光彩。

耕读文明课程的学习将使学生深入了解乡村文化的精髓和独特魅力,培养对乡村文化的认同感和自豪感,并激发他们对文化传承的热爱与责任感。这将有助于推动乡村文化的传承和发展,为乡村振兴贡献智慧和力量。

2. 耕读科技课程

耕读科技课程是耕读教育体系中的重要组成部分,旨在培养学生的科学素养和技术能力,为乡村农业的发展和转型升级提供支持。

在耕读科技课程中,学生将学习多个方面的知识,包括综述、种植、养殖、织布、加工、饮料、生产条件、园艺等。综述涵盖了农业生产的全过程,学生将了解农作物的种植技术和养殖动物的养护方法,以及农产品的加工和销售。此外,学生还将学习农村饮料的生产和园艺的种植技术等相关内容。这些知识将使学生了解现代农业的发展趋势和创新方向,掌握农业科技的应用和推广。

通过实践活动和实验操作,学生将加深对耕读科技课程内容的理解,并掌握农业技术和管理方法。例如,学生可以参观当地的现代农业园区,了解先进的农业生产设施和技术,还可以参与实验室实验,学习农产品的质量检测和加工流程。这些实践活动将使学生对耕读科技课程所学内容有更深入的认识,并提升他们的实践操作能力。

耕读科技课程的学习还将培养学生绿色农业和可持续发展的意识。随着社会的进步和环保意识的增强,绿色农业和可持续发展已经成为农业发展的重要方向。学生在耕读科技课程中将学习如何在农业生产中采用环保的种植和养殖技术,减少对环境的影响,保护自然资源。他们还将了解农业可持续发展的重要性,探索推动农村可持续发展的途径和方法。

3. 乡情民俗课程

乡情民俗课程是耕读教育体系中的重要组成部分,旨在传承和弘扬乡村的民俗文化和传统习俗,让学生深入了解乡村社会的发展历程和民俗文化的内涵。

在乡情民俗课程中,学生将学习乡村特色文化传承、乡规乡约等内容。通过学习,他们将了解乡村社会的传统价值观念、道德规范以及与人们日常生活密切相关的传统习俗。这些知识将使学生对乡村社会的历史和文化传承有更深入的认识,从而增强对乡村文化的认同感和自豪感。

通过参与庙会、传统节庆等民俗活动,学生将亲身体验乡村的文化氛围,感受乡村民俗的独特魅力。在这些活动中,他们将与乡村居民共同庆祝传统节日,观赏民俗表演,品尝地道的乡村美食等,进一步感知乡村的文化传统和生活方式。通过这样的亲身体验,学生将培养对乡村文化的尊重和保护意识,认识到乡村民俗是乡村文化的重要组成部分,需要得到传承和弘扬。

同时,乡情民俗课程还将帮助学生认识到传统文化与现代社会的关系。学生通过学习乡情民俗课程,认识到传统文化与现代社会可以相互融合,传统习俗也可以在现代社会中传承和发展。

4. 乡村治理课程

乡村治理课程是耕读教育体系中的重要组成部分,旨在培养学生的乡村治理能力和社会责任意识,使他们能够为乡村的改革和发展做出积极的贡献。

在乡村治理课程中,学生将学习农业体制改革、乡村规划、乡村自治、乡村生态保护、乡村社会服务等方面的知识。通过学习这些内容,他们将了解乡村发展的现状和问题,了解乡村治理所面临的挑战和机遇。同时,学生还将学习乡村治理的理论和实践经验,包括乡村规划和建设、农村基层自治的运作机制、乡村生态保护与环境治理等方面的内容。

通过参与社区建设、乡村规划、社会服务等实践活动,学生将在实际中应用乡村治理的知识和技能。在社区建设中,他们可以参与社区规划和发展,提出合理化建议,并与社区居民一起探讨解决方案。在乡村规划中,学生可以参与乡村规划的制定和实施,了解乡村的特色和优势,并为乡村的发展提供可行性建议。在社会服务中,学生将参与社会公益活动,关心乡村社会的需要,通过自己的努力为乡村社区的发展和改善做出贡献。

通过乡村治理课程的学习和实践,学生将培养乡村治理的能力和责任感。他们将学会如何运用所学知识和技能,分析和解决乡村发展中的问题,积极参与乡村的改革和发展。同时,乡村治理课程还将帮助学生认识到乡村治理是一项复杂而又重要的任务,需要多方共同参与,共同努力。只有通过各方的合作与协调,才能达到乡村治理的良好效果,促进乡村的可持续发展。

(二)耕读教育实践课程体系

耕读教育实践课程体系是耕读教育的核心组成部分,旨在通过实践活动培养学生的实际操作能力、专业技能、创新创业意识,以及将耕读教育与校园文化融合,促进学生的全面发展。在传统的教育中,理论教育和实践教育常常是相对独立的,学生在学习理论知识的同时缺乏实践锻炼,导致他们对真实世界的理解和应用能力不足。耕读教育实践课程体系通过将理论与实践相结合,使学生在实践中得到锻炼和提高,真正掌握知识与技能,并将其运用于乡村振兴和社会服务中。这样的实践教育模式不仅能够增强学生的实际操作能力和专业技能,还能培养学生的创新意识和创业精神,为学生的未来发展奠定坚实基础,同时也为乡村振兴和社会发展注入新的活力与希望。

1. 技术技能型实践课程

技术技能型实践课程是耕读教育中的一项关键内容,旨在培养学生与农业生产和乡村振兴紧密相关的实用技术和技能。这些课程强调学生在真实的农村环境中亲身实践,通过动手操作和实际体验,掌握各种农业生产技术和工艺,包括种植、养殖、农业机械操作等。这样的实践活动不仅让学生深入了解农业生产的实际情况,还让他们掌握了解决实际问题的能力和技巧。

在技术技能型实践课程中,学生将有机会与农村从业者和专业技术人员合作,参与真实的农业生产活动。他们将学习如何种植农作物,如何养殖家禽家畜,如何正确运用农业机械和设备。通过实际操作,学生将熟练掌握各种农业技术,并学会解决生产中遇到的问题。这样的实践体验不仅提高了学生的动手能力和实际操作能力,还培养了他们在农村产业中的适应能力。

技术技能型实践课程对于学生的未来职业发展具有重要意义。在现代农业和乡村振兴的背景下,需要掌握先进的农业技术和工艺的专业人才。耕读教育通过这些实践课程,为他们未来从事相关职业提供了宝贵的实际操作经验和技能。同时,这些课程还培养了学生的创新精神和实践能力,让他们成为能够在乡村振兴中发挥积极作用的人才。总的来说,技术技能型实践课程的开展,有助于学生全面发展,为农村产业发展和乡村振兴注入新的活力和动力。

2. 专业实习实践课程

专业实习实践课程是耕读教育中的重要组成部分,其目标在于为学生提供真实的农村工作环境,让他们亲身参与专业领域的实践活动,从而提供实际的专业实践机会。在这门课程中,学生将有机会与农村从业者合作,参与农村规划、农产品加工、农村社区服务等专业领域的实践活动,深入了解乡村发展的实际问题,学习解决问题的方法和技巧,增强实际应用能力。

通过专业实习实践课程,学生能够将在课堂上学到的理论知识应用到实际情况中,探索并解决真实问题,提高专业技能和实践能力。例如,在参与农村规划实习中,学生将了解乡村规划的原则和方法,学习规划设计的技能,通过实践项目的规划和执行,锻炼自己的规划能力和团队合作能力。在农产品加工实习中,学生将学习农产品的加工工艺和技术,亲自参与产品加工过程,了解产品质量控制和市场营销策略,提高自己的产品研发和市场拓展能力。在农村社区服务实习中,学生将与当地社区居民合作,了解社区需求,开展社区服务项目,增强与人沟通合作的能力和社会责任感。

专业实习实践课程的开展不仅为学生提供了宝贵的实践经验,而且更加紧密地联系了学生与乡村振兴的实际需求。通过与农村从业者合作,学生将更深入地了解乡村的发展状况和问题,为未来的职业规划和发展方向提供更多的参考。同时,这些实践活动也让学生深刻感受到自己的职业选择和专业发展在乡村振兴中的重要性,增强了他们在农村产业中服务社会、回报家乡的意识和使命感。因此,专业实习实践课程在耕读教育中具有重要地位,为学生的专业素养和综合能力的培养打下了坚实基础。

3. 创新创业课程

创新创业课程是耕读教育中的关键组成部分,其目标在于培养学生的创新意识和创业能力,以适应当今社会快速变化和多元化的市场需求。在这门课程中,学生将学习市场调研、项目策划、商业计划书撰写等创业知识和技能,为未来的创业之路做好充分准备。

创新创业课程的教学内容旨在激发学生的创新潜能和创业热情。通过学习创新思维和方法,学生将培养跳出传统思维框架,敢于挑战和突破的能力。同时,学生将学习市场调研和竞争分析的技巧,了解行业发展趋势和市场需求,为创业项目的定位和发展提供科学依据。

创新创业课程的设计强调实践导向,学生将有机会提出自己的创业项目,并在课堂上进行实际运作和推广。通过实践,学生将学会从创意到实际操作的全过程,了解创业项目的规划、实施和管理。这些实践活动将培养学生的创新创业能力,包括项目策划和管理、团队合作、风险评估、资源整合等方面的能力。

创新创业课程还将激发学生的创业精神和创业意愿。通过与成功创业者的交流和案例学习,学生将受到榜样的鼓舞和启发,增强勇于创新、敢于实践的创业信心。这些创新创业课程将为学生提供一个全面了解创业的平台,让他们在大学期间就开始规划自己的创业之路,为未来的职业发展奠定坚实基础。

4. 耕读教育与校园文化的融合

耕读教育与校园文化的融合是为了将耕读教育理念贯穿于整个学校文化建设和学生的日常生活,以增强学生对乡村文化的认同感和对农耕传统之美的体验。这种融合不仅是将乡村文化元素融入校园文化中,更是通过各种形式的文化活动,让学生在校园中亲近乡村文化,了解乡村发展现状与挑战,从而激发他们对乡村振兴的热情,成为乡村建设的积极参与者和贡献者。

在耕读教育与校园文化的融合中,学校可以组织文化下乡活动,引导学生走出校园,深入乡村,参与当地的文化传承活动。这些活动包括乡村主题讲座、文化节庆、民俗展示等,让学生亲身感受乡村的魅力,了解乡村的历史和文化传统。同时,学校还可以安排农事体验活动,让学生亲自参与农业生产和乡村建设,体验劳动的快乐,感受农耕之美,培养勤劳务实的品质。

除了活动的组织,融合耕读教育与校园文化还需要学校设置相关的课程和项目。可以开设以乡村文化和农耕知识为主题的选修课程,让学生深入学习乡村的历史、地理、文化和传统技艺,培养对乡村文化的兴趣。同时,学校还可以设立学生社团或志愿服务团队,让学生自主组织与乡村文化传承和乡村发展相关的活动,增强学生的社会责任感和创新意识。

通过耕读教育与校园文化的融合,学生将不仅是校园里的学习者,更是乡村振兴的参与者和传承者。他们将加深对乡村文化的理解和认同,从而更加热爱乡村,愿意为乡村的发展与繁荣贡献自己的智慧与力量。这样的融合不仅能够促进学生的全面发展,还能够增强学生的社会责任感和国家意识,为乡村振兴事业培养更多有志之士,为实现中华民族伟大复兴的中国梦贡献力量。

(三)耕读教育实践基地建设

耕读教育实践基地是学生进行实践活动和实习的重要场所,旨在为学生提供真实的乡村实践环境,促进他们在实践中学以致用。这些实践基地可以是学校内部设置的区域,也可以是校外与农村社区合作建设的地方。通过建设多样化的实践基地,学生将有机会深入了解乡村的社会、经济和文化状况,同时结合所学知识和技能,为乡村振兴贡献自己的力量。

1. 校内实践基地的建设

在校内,建设多个实践基地是耕读教育的重要组成部分。这些实践基地旨在为学生提供与农业科技和生态保护相关的实际操作和实践环境,促进他们在实践中学以致用,将所学知识和技能应用于实际场景中。

首先,学校可以设立农业科技示范园,这是一个集合了现代农业技术和管理经验的实践基地。学生可以在示范园中学习先进的农业种植和养殖技术,了解高效的农业生产模式。通过参与实际种植和养殖活动,学生将学会农作物的栽培、农产品的生产、农业机械的使用等实用技能。

其次,生态养殖园是一个重要的实践基地,旨在培养学生对生态环境保护的实践能力。在生态养殖园中,学生将学习生态养殖的原理和方法,了解如何实现养殖业的绿色发展。通过实际参与生态养殖活动,学生将了解生态养殖对环境的影响,学会如何合理利用资源,保护生态环境。

最后,数字农业实验室是一个将现代科技与农业相结合的实践基地。在这里,学生将学习数字农业技术的应用,如物联网、人工智能、大数据等在农业领域的运用。通过实际操作和模拟实验,学生将了解数字农业对农村发展的重要意义,掌握数字农业技术的操作和管理。

除了上述实践基地,学校还可以打造农村社区学习空间,将校园文化与乡村文化有机融合。这样的学习空间可以是图书馆、文化展示中心、乡村文化传承中心等。在这些场所,学生可以近距离接触乡村的传统文化、历史风貌,感受乡村的独特魅力。通过与乡村社区的互动,学生将更好地了解乡村居民的生活和需求,促进校园文化与乡村文化的融合。

2. 校外实践基地的建设

在校外,与当地乡村社区合作建设耕读教育实践基地是耕读教育的另一个重要方面。这种合作可以在很大程度上丰富学生的实践经验,让他们深入了解当地乡村的实际情况和发展需求,为乡村振兴事业贡献智慧和力量。

一种可行的校外实践基地是当地的农业合作社。农业合作社是农民自愿组织起来的经济组织,旨在推动农民的共同发展。通过与农业合作社合作,学生可以亲身参与农村生产和管理活动,了解合作社的组织运作和管理模式。学生可以与合作社成员进行交流,了解他们的需求,为合作社提供相关的专业建议和帮助。

另一种校外实践基地是乡村文化遗产保护区。乡村文化遗产保护区是对乡村传统文化和历史遗迹进行保护和传承的重要场所。学生可以参观这些保护区,了解乡村文化的传统和特色。通过实地考察和学习,学生将深入了解乡村的历史沿革和文化传承,增进对乡村文化的认同和尊重。

此外,农业科技示范点也是一个有意义的校外实践基地。农业科技示范点通常是一些农田或农场,用于展示和推广现代农业技术。学生可以参观这些示范点,了解现代农业技术的应用和效果。通过实际操作和观察,学生将掌握现代农业技术的操作和管理方法,为乡村的农业发展提供支持和建议。

通过与当地乡村社区合作,建设校外实践基地,学校可以为学生提供更广阔的实践平台,让他们深入了解当地乡村的实际情况和需求。这种合作也促进了学校与乡村社区的交流与互动,推动校园文化和乡村文化的融合。同时,学生在实践中也会增长见识,培养实践能力,为乡村振兴事业贡献自己的一分力量。这种校外实践基地建设,是耕读教育的重要举措,有助于培养学生的责任感、创新精神和乡村振兴意识。

3. 大学生创新创业园

大学生创新创业园在耕读教育中扮演着重要的角色,它是为学生提供创业支持和创新平台的特殊场所。作为耕读教育的一部分,大学生创新创业园旨在激发学生的创新创业意识,培养他们在乡村振兴中发挥积极作用的能力。

创新创业园为学生提供了一个创业的孵化平台,让有创新创业意向的学生能够在一个支持性和鼓励性的环境中实现自己的创业梦想。在创新创业园中,学生可以得到专业的指导和支持,从创意的形成、项目的策划到实际的运作和推广,都能得到相关导师的帮助和指导。这样的支持使得学生能够更加自信和有序地投身到农村创新创业的实践中。

此外,大学生创新创业园也可以与实践基地相结合,为学生提供实际的创新创业机会。学生可以在园区内开展农村创业项目,尝试推广创新技术和模式,为乡村的发展带来新的动力。这样的实践机会让学生能够更好地了解乡村的需求,为他们未来的创新创业之路奠定坚实的基础。

除了提供创业支持和实践机会,大学生创新创业园还可以促进学生之间的交流与合作。在园区内,学生可以相互交流创意、分享经验,形成良好的创新创业氛围。这种合作与交流有助于激发学生的创新思维,推动创新创业项目的不断完善。

大学生创新创业园是耕读教育中的重要组成部分,它为学生提供了创业支持和创新平台,让学生能够在实践中锻炼自己,发挥才华,为乡村振兴贡献力量。通过大学生创新创业园的建设和运营,学校可以培养更多富有创新精神和责任感的优秀人才,为乡村振兴事业注入新的活力和动力。

第三节　耕读教育师资建设

在耕读教育的实践中,教师是关键的推动力量和核心资源。耕读教育致力于培养学生的乡村振兴意识、实践能力和创新精神,因此,拥有高素质、专业化的教师团队至关重要。本节将着重探讨耕读教育师资建设的重要性,以及涵盖农业技术特派员、农业技术推广教授、教师科技挂职制度等多种形式的师资建设措施。这些措施的实施将为学校引进优秀的师资队伍,丰富教学资源,提升教学质量,激发学生的学习兴趣和创新能力。同时,还将加强学校与社会的紧密联系,促进教学与实际应用的深度融合,为乡村振兴事业培养更多有能力、有担当的人才。

（一）农业技术特派员、农业技术推广教授、教师科技挂职制度

在耕读教育的实施过程中，师资建设是确保教育质量和培养优秀人才的重要保障。农村地区的教育与农业科技发展息息相关，因此引入农业技术特派员、农业技术推广教授以及教师科技挂职制度成为关键举措。这些措施旨在将最新的农业科技成果和实用知识融入教学实践，提升教师的专业水平，拓宽学生的视野，同时推动乡村振兴事业的发展。通过这一系列师资建设措施，耕读教育不仅将为学生提供更优质的教育资源，培养全面发展的人才，还将为乡村地区的农业发展和社会进步做出积极贡献。

1. 农业技术特派员

农业技术特派员在耕读教育中发挥着至关重要的作用。他们是专业的农业科技人员，拥有丰富的农业知识和实践经验。通过他们的指导和支持，学生可以接触到最新的农业科技成果和实用技术，了解农村发展的最新动态和前沿领域。农业技术特派员可以带领学生深入农村，亲身参与农业生产和乡村发展，让学生在实践中学习，培养实际操作的能力和解决问题的能力。

农业技术特派员的引入不仅丰富了耕读教育的教学内容，更将农业科技与教学紧密结合。通过将农业科技的前沿成果融入教学和实践活动，学生可以接触到最新的科技知识，了解农业发展的最新趋势，为未来从事农村发展工作打下坚实基础。特派员的指导和支持还可以帮助学生解决实际问题，培养学生的实际操作能力，使他们在农村发展中能够融会贯通、灵活应用所学知识。

此外，农业技术特派员的参与还可以促进学校与农业科技部门的深度合作。特派员作为农业科技领域的专业人才，与农业科研机构和企业之间搭建了桥梁，推动了学校与农村发展的互动与合作。通过与农业科技部门的合作，学校可以及时了解到最新的科技成果和技术推广，为学生提供更多与实际应用相关的科技知识和信息。

2. 农业技术推广教授

农业技术推广教授在耕读教育中起着至关重要的作用。作为学校内部设立的农业科技推广人员，他们专门负责将农业科技知识传递给学生和当

地农民,促进农业生产的创新和升级。农业技术推广教授拥有丰富的农业科技知识和推广经验,可以将最先进的农业科技成果融入学校的教学和实践活动中,为学生提供与实际应用相关的科技知识和信息。

农业技术推广教授紧密结合学校教学计划和实践活动,将农业科技融入学生的学习和实践中。他们可以组织农技示范和科技推广活动,让学生亲自参与农业生产实践,了解最新的农业科技成果和实用技术。通过实践活动,学生将掌握农业科技的实际应用,培养实际操作能力和解决问题的能力。农业技术推广教授的指导和支持将帮助学生更好地了解农村发展的实际情况,为未来从事农村发展工作做好准备。

农业技术推广教授的参与还促进了学校与农业科技部门的紧密合作。作为专业的农业科技人员,他们与农业科研机构和企业之间搭建了桥梁,推动了学校与农业科技部门的深度合作。通过与农业科技部门的合作,学校可以及时了解到最新的科技成果和技术推广,为学生提供更多与实际应用相关的科技知识和信息。

3. 教师科技挂职制度

教师科技挂职制度是耕读教育中重要的一环,旨在增加学校教师的科技知识和实践经验,同时为乡村振兴事业带来新的活力。

在教师科技挂职制度下,学校的教师有机会与农业科研机构或企业紧密合作,参与实际的科技项目和生产实践。这种合作模式有助于让教师深入了解最新的农业科技发展动态和前沿成果。通过与农业科技专家和企业技术人员紧密合作,教师可以获取更多实践经验和科技知识,拓宽了视野,同时也提高了对农村发展的认识。

在挂职期间,教师将参与科技项目的研发和推广。他们可以将学校教学和实践经验与农业科技的前沿知识相结合,推动科技成果的应用和推广。通过实际参与科技项目,教师将学习更多的解决问题的方法和技巧,并了解科技成果在农村发展中的应用情况。

教师科技挂职制度的实施将使得学校教师的教学与实践经验更加丰富。教师将不仅是课堂上的知识传授者,还是农村发展的实际推动者。他们可以将在挂职过程中获得的科技知识和实践经验带回学校,为学生提供更好的学习指导和支持。

同时,教师科技挂职制度也为乡村振兴事业带来新的活力。学校教师的参与将为当地农业发展带来更多创新的思路和方法,促进乡村振兴的科技进步和产业升级。

(二)教练型讲师团队

教练型讲师团队是耕读教育中的重要组成部分,其目标是构建一支专业、高效、富有创新精神的教学团队,为学生提供全方位的学习指导和支持。教练型讲师团队的成员是学校的中坚力量,他们不仅仅是传授知识的教师,更是学生学业和生涯规划的导师和引路人。

首先,教练型讲师团队的成员应具备扎实的学科知识和广泛的教学经验。他们要对所教授的学科领域有深入的了解,不断学习和更新自己的知识,以掌握学科前沿动态。同时,他们还应具备丰富的教学经验,熟知不同学生的学习特点和需求,能够针对不同学生的差异性进行个性化的教学设计和辅导。

其次,教练型讲师团队注重与学生的互动和沟通。他们不仅仅是在课堂上传授知识,更重要的是倾听学生的想法和问题,与学生建立良好的师生关系。通过与学生密切互动,教练型讲师团队能够更好地了解学生的学习进展和困难,及时给予指导和支持,激发学生的学习兴趣和学习动力。

再次,教练型讲师团队强调个性化的学习辅导和规划。他们会根据学生的兴趣、特长和学习目标,为每个学生制订个性化的学习计划和规划,帮助他们明确学习目标和职业规划。在学生面临学业和职业选择时,教练型讲师团队会给予积极的指导和建议,帮助他们做出明智的决策。

最后,教练型讲师团队还注重教学方法的创新和教学资源的共享。他们会不断探索适合学生发展的新型教学方法,采用多种教学手段和技术,提高教学效果和吸引力。同时,团队成员之间会积极分享教学经验和优质教育资源,相互学习和进步,共同提高教学水平和服务质量。

总的来说,教练型讲师团队是耕读教育的中坚力量,他们将耕读教育理念融入教学实践,为学生提供优质的学习环境和个性化的学习支持。通过教练型讲师团队的建设,耕读教育将培养更多全面发展、具有创新精神和社会责任感的优秀人才,为乡村振兴和社会发展做出积极的贡献。

（三）院士工作站、大师工作室

在耕读教育中,培养优秀的乡村振兴人才是至关重要的任务。为了达到这一目标,学校需要不断引进和培养高水平的教学和科研团队,为学生提供优质的教育资源和实践平台。而在这个过程中,院士工作站和大师工作室成为不可或缺的重要组成部分。

1.院士工作站

院士工作站作为学校与院士合作设立的重要科研和教学平台,扮演着推动耕读教育发展的重要角色。通过邀请农业领域的知名院士担任工作站的负责人,学校得以引领和带动科研团队在农业科技和乡村发展领域进行前沿研究。这些院士拥有丰富的科研经验和学术造诣,他们的加入将带来宝贵的专业指导和科研资源,助力学校在相关领域取得突破性进展。

此外,院士工作站的成立为学校引进优秀的科研人才提供了便利。院士作为科研领域的顶尖人才,将吸引更多具有科研潜力的学者和研究人员前来学校合作研究。这将进一步壮大学校的科研队伍,加强学术交流与合作,提高学校的科研实力和学术影响力。

除了对科研水平的提升,院士工作站也关注学生的发展。学校借助院士工作站为学生提供更广阔的科研平台,让他们有机会参与到具有重要意义的科研项目中。学生将在院士的指导下,接触到最新的科研动态和实践经验,培养科研能力、创新思维和解决问题的能力。这不仅为学生的学术成长和未来发展奠定坚实基础,也为乡村振兴培养了更多具有实践能力的科研人才。

2.大师工作室

大师工作室作为学校邀请行业内优秀大师参与教学和指导的重要平台,为耕读教育带来了丰富的教学资源和实践经验。学校可以邀请在农业、乡村振兴和乡村发展领域具有卓越贡献和影响力的专家学者或成功的创业者担任大师工作室的指导教师。这些大师不仅在学术领域有着深厚造诣,还在实践中积累了宝贵的经验。他们的加入将为学校教学注入新的活力,带来最前沿的理论知识和实践经验,为学生提供更高水平的教学和指导。

大师工作室的成立将使得学生在学习中能够与优秀的大师进行深入交

流和学习。学生将有机会参与大师工作室的教学活动,与大师进行面对面的互动交流。通过与大师共同探讨和研讨,学生可以深入了解行业内的最新动态和发展趋势,拓宽视野,激发学习兴趣和创新创业激情。与此同时,大师工作室还可以为学生提供一对一的指导和实践机会,帮助学生将理论知识与实践能力相结合,培养学生的创新思维和解决问题的能力。

大师工作室的建立为耕读教育注入了更多的智慧和实践力量。通过邀请优秀的大师参与教学和指导,学校为学生提供了更好的教育资源和实践机会。这将不仅提高学生的学习质量和职业素养,也为学生的综合能力培养和未来的职业发展奠定坚实基础。同时,学生与大师深入交流和学习,能够激发学习兴趣和创新精神,培养实践能力和创新意识。

通过设立院士工作站和大师工作室,学校将实现教育资源的共享和优势互补,提高耕读教育的整体实力和学术声誉。同时,这些工作站和工作室的成立也将促进学校与社会的紧密合作,推动科研成果的转化和应用,为乡村振兴和农村发展提供智力支持和技术保障。

(四)客座教师

聘请客座教师在耕读教育中是一种重要的教育资源引入方式。客座教师是学校教育教学体系的一部分,为学生提供特定领域或专业的知识和经验。这些客座教师通常是在农业、乡村发展、农村经济、农业科技等领域具有卓越成就和丰富经验的专家学者、企业家或从业者。

引入客座教师是耕读教育中的一项重要举措,为学生带来了多重益处。客座教师为学生提供了前沿的学科知识和最新的行业动态。随着科技和社会的不断发展,许多领域都在不断创新和进步。通过邀请在不同领域有卓越成就的客座教师来进行讲授和指导,学生可以了解到该领域的最新发展趋势和未来的挑战。这样的学习体验不仅可以拓宽学生的知识视野,还能激发学生对学科的兴趣,鼓励他们在未来的学习和研究中走在前沿。客座教师的亲身经历和实践经验也为学生深入理解学科知识的应用和实际意义提供了宝贵机会。理论知识是学习的基础,但在实际应用中,往往需要将知识转化为实践能力。客座教师通常都是在相关领域有着丰富经验的专业人士,他们可以通过讲述实例、分享自己的工作经验以及组织实际项目等方式,让学生亲身参与实践。这样的实践活动有助于培养学生的动手能力和解决问题的能力,使他们能够更好地将学到的知识应用于实际工作中。

客座教师的引入为学生的学习和成长带来了丰富的资源。他们的专业知识和实践经验不仅促进了学生学科知识的更新和深化,还培养了学生的实践能力和创新思维。通过与客座教师的交流与合作,学生能够更好地理解学科的前沿知识,为未来的发展和乡村振兴事业做好充分准备。

与此同时,客座教师的参与也促进了学校与社会的紧密联系。学校可以与相关行业、企业和研究机构建立长期的合作关系,邀请在各个领域具有卓越成就和影响力的专家学者、成功的创业者或者行业领袖来担任客座教师。这些客座教师不仅能够为学生提供前沿的学科知识和实践经验,还能够为学校带来更多的社会资源和合作机会。首先,与客座教师的合作可以提高学校的知名度和影响力。学校邀请到在各个领域具有崇高声誉和专业地位的专家学者,将吸引更多优秀的学生和教师前来学习和研究。同时,这些客座教师的身份和经历也会吸引更多行业合作伙伴和企业走进学校,加强与学校的合作交流。通过这种方式,学校的影响力和社会认可度将得到进一步提升,为学校的发展和乡村振兴贡献力量。其次,与客座教师的合作为学生提供了更广阔的实习、实训和就业机会。许多客座教师在行业内有着丰富的人脉和资源,他们能够为学生搭建起与企业和研究机构的桥梁。通过与客座教师的合作,学生将有机会参与到真实的行业项目中,获得更多实践经验,拓宽就业视野。同时,客座教师还可以为学生提供职业指导和就业推荐,帮助他们更顺利地进入职场,为乡村发展和社会进步培养更多有价值的人才。最后,与客座教师的合作也推动了教学内容和方式的不断更新和优化。客座教师通常会带来最新的行业动态和实践经验,他们的参与能够让学校教学更加贴近实际应用和市场需求。学校可以根据客座教师的建议和意见,调整教学计划和实践活动,确保学生获得最新的学科知识和实践技能。这种与行业紧密结合的教学模式将为学生的职业发展提供更加有针对性的培养,使他们更好地适应乡村发展和社会变革的需要。

客座教师在耕读教育中扮演着不可替代的角色。他们为学生带来丰富的学科知识和实践经验,激发学生的学习兴趣和学习动力,培养学生的动手能力和解决问题的能力。与客座教师的合作还促进了学校与社会的紧密联系,提高了学校的知名度和影响力,为学生的职业发展和乡村振兴事业贡献了力量。

耕读教育师资建设是推动耕读教育发展和乡村振兴的重要保障。在本节中,介绍了农业技术特派员、农业技术推广教授、教师科技挂职制度、教练型讲师团队、院士工作站、大师工作室以及客座教师等多种形式的师资建设措施。这些措施不仅为学生提供了丰富的学习资源和实践机会,也促进了学校与社会的紧密联系。通过引进优秀的师资,学校拓展了教学领域,提升了教学质量,培养了更多的乡村振兴人才。

然而,师资建设工作并不是一蹴而就的,需要学校持续的投入和努力。学校应该继续加强与农业科研机构、乡村社区和行业企业的合作,拓宽师资来源渠道,引进更多高水平的师资力量。同时,学校也要积极为教师提供专业发展和成长的机会,鼓励教师参与学科研究和实践活动,不断提升教师的专业素养和实践能力。

通过持续的师资建设,耕读教育将更好地发挥其独特优势,为乡村振兴事业培养更多有能力、有担当的人才,推动乡村振兴迈上新的高度。师资建设不仅是学校的重要任务,更是乡村振兴和国家发展的战略之举。让我们共同努力,共创耕读教育的美好未来!

第四节 耕读教育的课程设计与教学模式

(一) 耕读教育课程设计原则

耕读教育课程设计原则是指在开展耕读教育过程中,制订课程内容和教学计划时应遵循的指导方针。这些原则旨在确保耕读教育的有效性和可持续发展,使教育内容与乡村振兴的需求相匹配,培养具有实践能力、创新精神和社会责任感的优秀人才。以下是耕读教育课程设计的几个重要原则(见下表):

耕读教育课程设计原则	描述
因地制宜原则	根据不同地区的实际情况进行课程调整,考虑当地资源禀赋和乡村发展的特点。
综合发展原则	注重学生全面素质的培养,包括学术知识、实践技能、创新思维、团队合作等方面。
实用导向原则	课程内容贴近实际应用,强调解决实际问题和推动乡村振兴,学生学以致用。
知行合一原则	理论与实践相结合,学生参与实践活动,将理论知识应用到实际问题解决中。
可持续发展原则	课程内容涵盖可持续农业发展、乡村生态保护、文化传承等方面,注重乡村长远发展。

1. 因地制宜原则

因地制宜原则是耕读教育课程设计的基本指导原则之一。不同地区的乡村发展情况各异,涉及的产业结构、资源禀赋、文化传承、社会需求等方面存在差异。因此,在开展耕读教育时,需要根据不同地区的实际情况进行灵活调整,以适应当地乡村的发展需求。

在因地制宜的课程设计中,教育机构和教师可以深入了解当地的农村产业结构和特色,将课程内容与当地产业相结合。例如,在农业资源丰富的地区,可以开设与农业科技相关的课程,促进学生对现代农业技术的了解和掌握。而在生态环境脆弱的地区,可以开设生态保护和农业可持续发展的课程,培养学生的环保意识和可持续发展理念。

此外,因地制宜的课程设计还应充分考虑当地乡村的文化传承和社会需求。通过将乡村文化和传统习俗融入课程中,可以增强学生对乡村文化的认同感和自豪感,培养学生对乡村文化的尊重和保护意识。同时,也可以针对当地的社会需求开设相关课程,如乡村治理、社会服务等,培养学生的社会责任意识和服务精神。

因地制宜的课程设计使得耕读教育更加贴近实际,更加符合当地乡村的发展需求。通过灵活调整课程内容和教学方法,耕读教育能够更好地为乡村振兴和农村发展培养出合格的人才,助力乡村振兴战略的实施。

2. 综合发展原则

综合发展原则是耕读教育课程设计的核心理念之一。耕读教育旨在培养全面发展的人才，不仅仅局限于学术知识的传授，还包括实践技能、创新思维、团队合作、沟通能力等方面的培养。通过多元化的教学内容和形式，学生可以全面发展自己的能力，为未来从事乡村振兴工作打下坚实基础。

在综合发展原则下，耕读教育的课程设计应该融合理论教学与实践教学。学生不仅需要学习农业科技知识、乡村治理理论等学科内容，更应该通过实践活动和实验操作，将理论知识应用到实际中，培养实际操作能力。例如，学生可以参与农村实践活动，亲身体验种植、养殖、农业机械操作等，从而了解农业生产的实际情况，提升动手能力和问题解决能力。

此外，创新思维也是耕读教育的重要内容。学生应该培养敢于创新的精神，学习解决问题的方法和技巧。教师可以通过创新创业课程、项目驱动的教学方式，激发学生的创新潜能，培养他们敢于实践、勇于创新的创业精神。

团队合作和沟通能力也是耕读教育的关键要素。在乡村振兴的过程中，团队合作和良好的沟通能力至关重要。学生应该学会与他人合作，共同解决问题，同时还要学会有效沟通和表达自己的观点。教师可以通过小组讨论、项目合作等方式，培养学生的团队协作和沟通交流能力。

3. 实用导向原则

实用导向原则是耕读教育课程设计的重要原则之一。耕读教育旨在培养学生成为具有实际应用价值的人才，因此课程设计应紧密贴近实际问题和乡村振兴的需求。通过将课程内容与实际应用相结合，学生可以学以致用，将所学的知识和技能应用到实际农村发展中，提升实际操作能力和解决问题的能力。

为了贯彻实用导向原则，耕读教育的课程设计应着重强调实践活动和案例分析。学生不仅仅是被动地接受知识，更应该通过实践活动来应用所学的知识和技能。例如，学生可以参与农村实践活动，亲身体验农业生产和乡村发展的实际情况，了解乡村的需求和问题，并探索解决方案。通过实践活动，学生将更加深入地了解乡村振兴的实际情况，培养实际操作能力和解决问题的能力。

此外,案例分析也是实用导向原则的重要组成部分。通过分析实际案例,学生可以将理论知识应用到实际情况中,从而更好地理解知识的实际意义和应用价值。教师可以设计具有代表性的乡村发展案例,让学生通过分析案例来学习解决问题的方法和技巧。通过案例分析,学生将更加深入地了解实际问题的复杂性和多样性,培养解决问题的能力和灵活应变的能力。

实用导向原则使得耕读教育更加贴近实际应用,使学生在学习过程中不仅掌握了理论知识,更重要的是能够将所学知识和技能应用到实际工作和实践中。通过实践活动和案例分析,学生将更加深入地了解乡村振兴的需求和问题,为未来从事农村发展工作打下坚实基础。实用导向原则的贯彻,使得耕读教育培养出的人才具有更强的实际应用能力和解决问题的能力,为乡村振兴和农村发展做出更大的贡献。

4. 知行合一原则

知行合一原则是耕读教育课程设计的核心理念之一。耕读教育强调将理论与实践相结合,使学生不是被动(passively)接受知识,而是积极地(actively)运用所学知识解决实际问题。根据知行合一原则,学生可以更深入地理解所学知识的实际意义和应用价值,增强对学科的兴趣和学习动力。

在耕读教育课程设计中,知行合一原则体现在多个方面。教师会结合实际案例和问题,引导学生探索解决方案。学生在学习理论知识的同时,也会积极参与实践活动,例如农村实地考察、农业生产实验等。通过实践活动,学生可以将理论知识应用到实际问题中,深入了解实际问题的复杂性和多样性,培养解决问题的能力。

此外,耕读教育课程设计注重课程内容与实际应用的紧密结合。教师会根据乡村发展的实际需求和问题,设计相关的课程内容。学生不仅能学习农业科技的理论知识,还能了解现实农村的挑战和机遇,并尝试提供解决方案。

知行合一原则还体现在课程的教学方法上。教师会采用交互式教学、探究式学习和小组讨论等教学方法,鼓励学生主动参与课堂,提出问题和解决问题。学生在课堂上不仅仅是听讲和接受知识,更是积极参与思考和讨论,将理论知识与实际问题相结合,培养解决问题的能力和创新精神。

根据知行合一原则,耕读教育培养出的人才具有更强的实际应用能力和解决问题的能力。学生在课程学习中不仅掌握了理论知识,更重要的是能够将所学知识和技能应用到实际工作和实践中。知行合一原则使得耕读教育具有更高的实践性和应用价值,为乡村振兴和农村发展做出更大的贡献。

(二)活动式教学模式的运用

在耕读教育中,活动式教学模式是一种重要的教学方法,它贯穿于整个教育体系,包括课堂教学、实践活动和项目实施等方面。以下是耕读教育中活动式教学模式的具体运用:

1. 课堂教学中的活动设计

耕读教育注重让学生在课堂上积极参与,而不是被动接受知识。教师会根据课程内容设计丰富多样的活动,例如小组讨论、角色扮演、案例分析、问题解决等,让学生在互动中深入学习和思考。

(1)小组讨论

在小组讨论中,学生被分成小组,每个小组讨论一个特定的话题或问题。通过小组内的交流和互动,学生可以分享自己的观点和想法,从而激发出不同的思维和观点。这有助于培养学生的批判性思维和创新能力,同时也提高了学生的团队合作和沟通能力。

(2)角色扮演

在耕读教育中,角色扮演是一种常见的活动式教学方法。通过这种教学活动,教师设计特定情境,让学生扮演不同的角色,模拟真实场景中的决策和行动。这样的教学方式有助于将抽象的理论知识与实际应用场景相结合,使学生能够更加深入地理解所学知识的实际意义和价值。

在角色扮演活动中,学生被赋予特定的角色和身份,例如农民、农业专家、政府官员等。每个角色都有其独特的任务和目标,学生需要在模拟情境中扮演这些角色,并做出相应的决策和行动。通过这种方式,学生能够亲身体验在真实环境中所面临的问题和挑战,从而加深对理论知识的理解。

角色扮演活动可以涵盖多个方面的内容,如农村产业发展、农产品营销、农村规划等。例如,在农村产业发展方面,学生可以扮演农业企业家,面对资源有限、市场竞争激烈等情况,需要制定科学合理的发展策略和计划。

141

在农产品营销方面,学生可以扮演农产品经销商,需要根据市场需求和消费者偏好,制定有效的营销策略。

通过角色扮演,学生不仅需要运用所学的理论知识,还需要发挥主动性和创造性,根据情境做出灵活的决策。这不仅培养了学生的决策能力和问题解决能力,同时也增强了学生在实际应用中的自信心。

此外,角色扮演活动也促进了学生之间的互动和合作。在模拟情境中,学生往往需要与其他角色进行协商和合作,共同解决问题。这培养了学生的团队合作和沟通能力,让学生学会倾听他人观点、尊重他人意见,形成集体智慧。

(3)案例分析

通过案例分析,学生能够将所学的理论知识应用到实际情境中,深刻理解知识的实际应用价值和意义,培养解决问题的能力和分析思维。

在案例分析中,教师会精心挑选与乡村振兴和农村发展相关的真实案例,这些案例可能涉及农业产业发展、乡村经济合作社运营、农村社区服务等多个方面。学生将通过对这些案例的深入研究,分析案例中的问题、挑战并寻找解决方案,从而加深对理论知识的理解。

在案例分析中,学生需要积极参与,运用所学的理论知识进行推理和分析。他们需要提出问题、寻找解决方案,并就不同的方案进行讨论和比较。通过这样的过程,学生可以培养解决问题的能力和分析思维,学会从多个角度思考问题,形成综合性的决策能力。

案例分析还可以促进学生之间的互动和合作。在讨论案例的过程中,学生往往需要与同学进行交流和合作,共同探讨问题,形成共识。这培养了学生的团队合作和沟通能力,让他们学会倾听他人观点、尊重他人意见。

通过案例分析,学生也能更好地了解农村发展中的实际问题和挑战。他们将接触到真实的农村案例,了解农村发展的现状和需求,为未来从事乡村振兴工作做好充分准备。

(4)问题解决

问题解决是一种鼓励学生主动思考和提出解决方案的教学活动。教师在课堂上可能提出实际问题,涉及农村发展和乡村振兴等方面的挑战和需求,学生积极参与解决问题的过程。这样的活动有助于提高学生的自主学习和创新能力。

在问题解决的教学活动中,教师会精心设计具有挑战性的问题,激发学生的思维和探索欲望。这些问题可能是现实中存在的复杂问题,需要学生综合运用所学的知识和技能进行分析和解决。学生在面对这些问题时,需要动用多方面的知识和技能,培养综合运用知识的能力。

在解决问题的过程中,学生需要展现出主动性和创造性。他们可能会尝试不同的解决方案,并进行评估和比较。在教师的引导下,学生能够逐步深入分析问题,找到合理的解决途径。这样的过程培养了学生的创新能力,让他们学会思考问题和寻找创新的解决方案。

在问题解决的教学活动中,学生之间的交流和合作是非常重要的。他们可能会组成小组,共同讨论问题并寻找解决方案。在小组中,学生之间可以互相启发,交流不同的观点和想法。

通过问题解决的教学活动,学生将逐渐形成批判性思维和解决问题的能力。他们将培养自主学习的意识,学会主动思考和发现问题,而不是简单地接受教师的指导。这样的能力对于学生未来从事乡村振兴工作和应对各种挑战和机遇都至关重要。

(5)探究式学习

探究式学习是耕读教育中一种重要的教学模式,它强调学生通过实验、观察、调查等方式自主获取知识,而不是简单地被动接受教师的灌输。在这种学习方式下,教师充当引导者和启发者的角色,鼓励学生主动探索和发现问题,培养了学生的探索精神和科学精神,同时也激发了学生对农业和乡村发展的浓厚兴趣。

在探究式学习中,教师会设计一系列具有启发性的问题和情境,引导学生主动思考和探索。例如,教师可能提出一个有关农业技术的问题,然后让学生通过实验和调查,自主探索答案。在这个过程中,学生不仅学习到了解决问题的方法和技巧,更重要的是,他们培养了主动学习和自主探索的意识,养成了持续学习的习惯。

探究式学习强调学生的主体地位,让学生成为学习的主角。学生在实际操作和探索中,可以更深入地理解和应用所学的知识。这种学习方式培养了学生的实践能力和创新能力,让他们学会将所学的理论知识应用到实际问题的解决中去。

通过探究式学习,学生也能够培养科学精神。他们学会观察和记录,发现问题并提出假设,然后通过实验和观察验证假设,得出结论。这样的过程培养了学生的科学思维和逻辑思维,让他们学会用科学的方法解决问题。

此外,探究式学习也有助于激发学生对农业和乡村发展的兴趣。在探索的过程中,学生逐渐了解到农业领域的重要性,增强对农村发展的认知和关注。这种兴趣的培养将激发学生从事乡村振兴事业的热情和动力,为乡村振兴事业贡献自己的力量。

2. 实践活动的引导

在耕读教育中,活动式教学模式起着至关重要的作用,通过实践活动的引导,学生得以在真实的农村环境中进行学习和实践。学校会组织各种实践活动,例如农田考察、农村社区服务、农业技术实训等,让学生亲身参与其中,感受农村的生活和工作。这种实践活动的引导有助于将学生从课本中解放出来,将理论知识转化为实际操作能力。

在农田考察中,学生可以走进农田,近距离观察农作物的生长情况,了解农业生产的实际情况和面临的问题。通过亲身参与,学生能够更加深入地了解农业的特点,培养观察能力和实践能力。

在农村社区服务中,学生可以参与农村社区的公益活动,为当地农民提供帮助和支持。通过服务他人,学生能够增强社会责任感和服务意识,同时也能了解农村社区的需求和问题,为未来的农村发展工作做好准备。

在农业技术实训中,学生可以学习并实践农业生产技术,例如农作物的种植技术等。通过实践操作,学生能够掌握实用的农业技能,增强动手能力和解决问题的能力。

活动式教学模式使得学生不仅仅了解理论知识,还能在实际操作中学以致用。通过实践活动的引导,学生能够深入了解乡村发展的实际问题,学习解决问题的方法和技巧,增强实际应用能力。这种学习方式培养了学生的实践能力和创新精神,让他们在未来的乡村振兴事业中成为中坚力量。同时,实践活动也促进了学校与社会的紧密联系,为学生提供更多实习、实训和就业机会,推动校园文化与乡村文化的融合。

3.项目实施与创新

耕读教育鼓励学生参与创新项目和实践性的研究,这为学生提供了一个宝贵的机会,让他们能够在实践中不断探索和成长。学生可以组建团队,针对农村发展、农业科技等方面的实际问题开展创新性的项目。在这个过程中,他们将从理论知识走向实践操作,从课堂走向农村,从被动接受走向主动探索。

在项目实施的过程中,学生将深入了解现实问题的复杂性和多样性。他们需要收集大量的信息和数据,进行综合分析,针对问题提出解决方案。这种实践性的研究过程培养了学生的问题解决能力和创新思维,让他们学会从多个角度思考问题,积极寻找创新的途径。

通过项目实施,学生能够更好地将理论知识与实际问题相结合。他们将学到如何将抽象的理论应用到具体的实践中,实践中的挑战和困难也将促使他们对学科知识进行深入思考和探索。

在这个过程中,学生还将培养团队合作和沟通能力。项目实施往往需要学生们共同努力,合作解决问题。在团队中,学生们将学会互相倾听,尊重他人意见,并共同制订实施计划。

耕读教育中的项目实施与创新为学生提供了一次宝贵的学习经历。通过实践性的研究和创新项目,学生们能够更深入地了解现实问题,培养解决问题的能力和创新思维。这种实践教育的模式培养了学生的实践能力和团队合作意识,让他们在未来的乡村振兴事业中具备更强的竞争力和创新力。同时,这也促进了学校与社会的紧密联系,为学生提供更多实习、实训和就业机会,推动校园文化与乡村文化的融合。

4.教学互动的加强

在活动式教学模式下,教学互动得到了显著的加强。教师在课堂上不再是传统的知识灌输者,而更像是学生学习过程中的引导者和指导者。教师将课堂打造成一个充满活力和探索乐趣的学习场所,鼓励学生积极参与和主动思考。

教学互动的加强体现在多个方面。首先,教师经常与学生进行面对面的交流和互动。他们鼓励学生提出问题、表达意见,并及时给予回应和解答。这种双向的互动使得学生感受到教师的关注和支持,激发了学生的学习兴趣和学习动力。

其次,教师与学生共同探讨问题,共同解决问题。在活动式教学模式下,教师往往不是直接给出答案,而是引导学生自己去思考和发现答案。通过与学生共同探讨问题,教师可以更好地了解学生的学习情况和困难,有针对性地进行教学调整和指导。

最后,教师还会鼓励学生之间的互动和合作。在小组讨论、角色扮演等活动中,学生之间相互交流和协作,共同解决问题。这种团队合作的学习模式培养了学生的团队意识和沟通能力,使得学生学会与他人合作,共同完成任务。

教学互动的加强不仅加深了学生对知识的理解,更重要的是培养了学生的思考和创新能力。学生在与教师和同学的互动中,不断地思考和提出问题,培养了批判性思维和创造性思维。这种思考和创新能力对于他们未来的发展具有重要的意义,让他们在面对各种问题和挑战时能够从容应对,并提出新的解决方案。

5. 跨学科融合

活动式教学模式在耕读教育中促进了跨学科融合,使学生能够在解决问题和参与项目的过程中综合运用多学科知识,培养了学生的综合素质和跨学科能力。

在活动式教学中,学生往往需要面对复杂的问题,这些问题通常不是涉及一个学科领域,而是需要综合运用多个学科的知识和技能进行解决。例如,在参与农村发展项目时,学生不仅需要了解农业科技的最新发展状况,还需要考虑农村经济、社会文化、环境保护等多方面的因素。通过跨学科融合,学生能够综合运用各个学科的知识,深入分析和解决问题,培养了学生的综合素质和综合能力。

跨学科融合也为学生提供了更加广阔的学习视野和更多学科交叉的机会。在活动式教学中,学生经常会接触到不同学科领域的知识和观点,从而拓展了学习范围和学科广度。这种学科交叉的学习方式可以激发学生对知识的兴趣,培养学生的学科探索和学科交流能力,为学生未来的发展打下坚实基础。

此外,跨学科融合也能培养学生的综合思维和创新能力。在解决复杂问题的过程中,学生需要综合考虑不同学科的知识和观点,从而培养综合思维能力。同时,跨学科融合也激发了学生的创新思维,鼓励学生从不同学科的交叉点出发,提出新的解决方案和创新思路。

耕读教育中的活动式教学模式通过促进跨学科融合,使学生能够在解决问题和参与项目的过程中综合运用多学科知识,培养了学生的综合素质和跨学科能力。这种跨学科的学习方式不仅丰富了学生的学习体验,更重要的是培养了学生的综合思维和创新能力,为他们未来的发展提供了有力的支持。

(三)耕读实践与理论融合的教学模式

耕读实践与理论融合的教学模式是一种注重将实践与理论相结合的教学方法。这种教学模式旨在让学生通过实践活动深入了解理论知识的实际应用,并将理论知识应用于实际问题的解决中。通过实践与理论的有机融合,学生能够更好地理解学科知识的实际意义,培养实践能力和解决问题的能力。

在耕读教育中,实践活动是教学的重要组成部分,具有极其重要的意义。学校积极组织各种实践活动,旨在让学生亲身参与到农村发展和农业科技领域的实际工作中,使他们能够在实践中学以致用,从而更好地掌握理论知识,提高动手能力和解决问题的能力。

农田考察是耕读教育中常见的实践活动之一。通过农田考察,学生可以深入农村地区,实地了解农业生产的现状和问题。学生可以与农民交流,了解他们在农业生产中面临的挑战。在考察过程中,学生需要运用在课堂上学习到的农业知识,分析和解决实际问题,提升自己的实践能力。农村社区服务是另一个重要的实践活动形式。学生通过参与社区服务,可以更好地了解农村社区的需求和发展情况,同时为当地居民提供帮助和支持。通过与农村居民的互动,学生可以更深入地了解当地的文化和生活方式,培养跨文化交流的能力和社会责任感。农业技术实训是耕读教育中非常重要的一环。学校为学生提供农业技术实验室和实训基地,让学生亲自动手操作和实践,学习农业技术和实验技能。通过实训,学生可以巩固课堂上学到的理论知识,并在实践中不断提高技术操作的熟练度。在这些实践活动中,学生将理论与实践相结合,将课堂所学应用于真实场景,增强了动手能力和解决问题的能力。实践活动还激发了学生对农业和乡村发展的兴趣,培养了他们对乡村振兴事业的热爱和责任感。通过实践活动,学生不仅拓宽了知识视野,更重要的是在实践中成长,为未来的学习和工作打下坚实基础。

实践活动在耕读教育中是培养学生创新精神和实践能力的重要途径。通过实践,学生不仅学会了理论知识,更重要的是学会了如何将所学的理论知识应用于实际问题的解决中。实践活动鼓励学生发现问题、提出问题,并积极寻找解决方案,培养了学生的创新思维和实践能力。在实践过程中,学生面临着各种挑战和困难,需要动脑筋寻找解决方案。这种积极主动的学习态度培养了学生的创新精神。学生需要思考不同的可能性,寻找最优的解决方案,这锻炼了学生的创造力和创新能力。实践活动也让学生更加深刻地理解理论知识的实际意义。通过亲身实践,学生可以发现理论知识在实际应用中的价值和局限性,从而更好地理解知识的本质和应用。实践活动让学生在实际操作中不断积累经验,从错误中吸取教训,不断优化和改进方案,培养了学生解决问题的能力和实践能力。此外,实践活动还激发了学生对学科的兴趣和热爱。通过实践,学生可以亲身感受到学科的魅力和实用性,增强了对学科的认同感和投入度。学生在实践中不仅成长为农村发展和农业科技领域的专业人才,更成为创新和实践的推动者。

在耕读教育中,实践与理论融合的教学模式下,教师扮演着重要的角色。教师不仅是知识的传授者,更是学生的引导者和指导者。在实践活动中,教师起到了桥梁和纽带的作用,将课堂上学习到的理论知识与实际应用相连接,帮助学生更好地理解和应用所学知识。教师在教学过程中会精心设计实践活动,将学生带入真实的工作场景,让学生亲身体验和感受。通过实践,学生能够深入了解农村发展和农业科技领域的实际情况,从而更好地理解理论知识的实际应用意义。教师会引导学生在实践中应用理论知识,帮助学生发现问题、解决问题,培养学生的实践能力和创新精神。在实践活动中,教师会及时给予学生反馈和指导。通过对学生的实践表现进行评价和点评,教师帮助学生发现问题,提出改进意见,并鼓励学生继续探索和实践。这种及时的反馈和指导能够激发学生的学习动力和学习兴趣,让学生更加积极地参与到实践活动中。教师还会引导学生参与实践性的研究和创新项目。在实践活动中,学生可能会遇到各种问题和挑战,需要运用理论知识和创新思维解决问题。教师会鼓励学生发现问题、提出问题,并积极寻找解决方案。通过这样的实践性的研究和创新项目,学生培养了自主学习和创新能力。

(四)项目驱动的教学模式

项目驱动的教学模式是耕读教育中一种重要的教学方法,其核心思想是通过项目的实施来促进学生的学习和发展。在这种教学模式下,学生成为学习的主动者和实践者。教师作为学生的引导者和指导者,通过设计和组织项目,激发学生的学习兴趣和学习动力。

在耕读教育中,项目驱动的教学模式是一种富有创意和实践性的教学方法。该模式的核心理念是将学生的学习与实际问题解决紧密结合,使学生能够在实践中探索和应用所学的知识和技能。在项目驱动的教学中,教师会选择与农村发展和农业科技相关的实际问题或课题,将其作为项目的基础。这样的项目设计确保了学习的目标与现实需求相契合,使学生的学习变得更加有针对性和实践性。学生通常会被分成小组,共同开展项目的实施。通过合作,学生可以分享不同的观点和经验,相互协作,共同完成项目的各项任务。在项目实施的过程中,学生需要进行调查研究,收集和分析相关数据,深入了解问题的本质和背景。这样的学习过程要求学生主动积极地参与,培养了学生的实践能力和解决问题的能力。同时,学生还需要与团队成员进行有效的沟通和合作,从而培养了学生的团队合作和沟通能力。通过项目驱动的教学模式,学生能够培养解决问题的能力和实践能力,增加动手实践的经验。他们通过实际项目的实施,探索并发现解决问题的有效途径,培养了创新思维和实践能力。此外,学生在项目中还会加强与他人的合作和交流,培养了团队合作意识和沟通技巧。这些综合素质的培养为学生未来从事农村发展和乡村振兴工作提供了坚实的基础。因此,项目驱动的教学模式在耕读教育中具有重要的地位和作用。

项目驱动的教学模式是一种以学生为中心的教学方法,强调学生的主动参与和自主学习。在这种教学模式下,学生不再是被动地接受教师灌输的知识,而是成为学习的主体和实践者。他们通过参与实际项目的实施,扮演着积极的角色,探索和学习知识。在项目驱动的教学中,学生需要积极思考和动手实践。教师会提供相关的课题或问题,引导学生进行调查研究、数据收集和问题分析,然后提出解决方案。学生在实践中不断探索和尝试,从错误中学习,从成功中收获。这样的学习方式使得学生更深入地理解和掌握所学的知识,学习效果更为显著和持久。在项目驱动的教学模式下,学生的学习变得更加主动和自主。他们通过自己的努力和探索,积极地构建知识结构,提高对学科的兴趣和学习动力。这样的学习方式培养了学生的学习能力和学习方法,使他们具备了终身学习的能力和意识。此外,项目驱动的教学模式也促进了学生的团队合作和交流。在实施项目的过程中,学生需要与团队成员紧密合作,共同解决问题和完成任务。通过与他人的交流和合作,学生不仅学会了倾听和理解他人的观点,还学会了表达和沟通自己的想法。这样的团队合作能力对于学生未来的职业发展和社会交往都具有重要的意义。

项目驱动的教学模式在耕读教育中起到了至关重要的作用。通过项目的实施,学生的学习目标明确、任务具体。每个项目都有特定的目标和要求,学生需要根据实际情况进行规划和实施。在项目实施的过程中,学生需要调动自己的各种能力,包括调查研究、数据收集、问题分析等。这些具体任务让学生在实践中不断发现问题、解决问题,培养了他们的创新思维和实践能力。通过项目实施,学生将理论知识与实际应用相结合,深入了解学科知识的实际意义。他们不再将学科知识孤立地看待,而是能够将其应用于实际问题的解决中。这种实践中的学习方式使得学生更加深入地理解和掌握所学的知识,增强了学习的实际效果。在项目驱动的教学模式中,学生的学习变得更加主动和自主。他们通过实际项目的实施,不仅能够学习到知识,还能够提高解决问题的能力和动手实践的能力。这种学习方式培养了学生的学习能力和学习方法,使他们具备了终身学习的能力和意识。

(五)创新科技在教学中的应用

创新科技在耕读教育的教学中发挥着重要的作用,它为教学提供了丰富多样的工具和资源,提升了教学效果和学生的学习体验。

1. 虚拟现实和增强现实技术

虚拟现实(virtual reality,VR)和增强现实(augmented reality,AR)技术是一种将数字信息与真实世界场景相结合的交互式技术。在耕读教育中,这些技术被广泛应用,为学生提供了一种全新的学习体验。

通过虚拟现实技术,学生可以穿戴虚拟现实设备,仿佛置身于一个完全虚拟的农村场景。他们可以在虚拟农田中观察农作物的生长过程,参观农村生活和农业生产场景,与虚拟农民进行互动,甚至参与农田作业等。这种沉浸式的学习方式使学生能够亲身体验农村发展和农业科技,仿佛置身其中,增强了学生对农村发展和农业生产的认知。

另外,增强现实技术将虚拟信息叠加到真实世界中,学生可以通过智能手机、平板电脑或 AR 眼镜等设备,实时获取与农村发展相关的数字信息。例如,在实地考察时,学生可以使用 AR 技术获取农田土壤质量、气象信息或农作物生长数据等,帮助他们更深入地了解当地的农业状况。这样的实时信息反馈能够提高学生对农村现实情况的认识,并加深对理论知识的理解和记忆。

通过虚拟现实和增强现实技术的应用,耕读教育的教学变得更加生动和有趣。学生通过沉浸式的体验和实时信息反馈,能够更加深入地了解农村发展和农业科技领域,增强对学科知识的理解和记忆。同时,这种交互式的学习方式也增强了学生的学习动力和主动性,激发了他们对农村发展和农业科技的兴趣和热情。虚拟现实和增强现实技术为耕读教育带来了更广阔的教学可能性,为学生的综合素质提升和乡村振兴事业的发展做出了重要贡献。

2. 在线教学平台

在线教学平台是随着信息技术的发展而兴起的一种教学模式,它以互联网为基础,通过网络平台提供教学资源和服务,为学生和教师创造了便捷的学习和教学环境。

对于学生来说,在线教学平台提供了极大的学习灵活性和便利性。学生可以随时随地登录平台,自主选择学习的时间和地点,摆脱了传统教学中时间和空间的限制。无论是在家里、图书馆、咖啡厅,还是在公交车上,学生都能够通过网络接入平台,获取丰富的学习资源,包括教材、课件、视频讲座、练习题等。这种灵活的学习方式满足了学生个性化学习的需求,让每个学生都能按照自己的节奏和学习风格进行学习,提高了学习效率。

同时,在线教学平台为教师提供了更多的教学资源和工具,增强了教学的创新性和多样性。教师可以通过平台上传教学资料、发布作业、组织在线讨论和互动等,与学生保持密切的教学联系。在线教学平台还支持在线考试和测评,教师可以根据学生的学习情况及时调整教学内容和进度,提供个性化的学习指导。这种教学方式也为教师提供了更多的教学反馈和分析数据,帮助教师更好地了解学生的学习情况,改进教学方法,提高教学质量。

值得注意的是,虽然在线教学平台带来了诸多便利,但也需要注意合理利用和管理。学生需要具备自主学习的能力和学习计划,避免沉迷于网络娱乐而影响学习进度。教师也需要具备在线教学技能和方法,保障教学质量和教学效果。

3. 数据分析和人工智能

数据分析和人工智能技术在耕读教育中扮演着越来越重要的角色。随着科技的不断进步,教育领域也逐渐应用数据分析和人工智能技术,以提高教学效率和教学质量。

首先,数据分析技术可以帮助教师更好地了解学生的学习情况和需求。在在线教学平台和学习管理系统中,学生的学习活动和学习成绩都会产生大量的数据。通过对这些数据进行分析,教师可以了解学生的学习进度、学习兴趣、学习习惯等信息。基于这些信息,教师可以制订个性化的学习计划和教学设计,更好地满足学生的学习需求,帮助学生取得更好的学习成绩。

其次,人工智能技术可以实现智能化的教学辅助。人工智能技术可以对学生的学习过程进行监测和分析,根据学生的学习情况提供智能化的学习建议和指导。例如,智能辅导系统可以根据学生的答题情况和学习表现,自动推荐适合的学习资料和练习题,帮助学生更有针对性地复习和巩固知识。此外,人工智能技术还可以通过自然语言处理和机器学习等技术,实现智能化的答疑和辅导,解答学生的问题并提供相关知识的解释,提高教学的效率和质量。

最后,数据分析和人工智能技术的应用也为教师提供了更多的教学支持和教学工具。教师可以通过对学生学习数据的分析,发现学生的学习瓶颈和难点,针对性地调整教学内容和方法,提供更加个性化和精准的辅导。此外,教师还可以借助人工智能技术,开发教学资源和教学工具,如教学游戏、虚拟实验平台等,提高学生的学习兴趣和参与度。

4. 远程教育和视频教学

远程教育和视频教学技术是现代教育中的重要组成部分,也是耕读教育中不可或缺的教学手段。它们打破了时空限制,使学生与优秀的师资可以跨地区、跨校合作,拓宽学生的知识视野,为学生提供更多的学习资源和学习机会。

首先,远程教育和视频教学技术可以让学生与外地的专家学者进行交流和互动。通过网络会议、在线讲座等方式,学生可以与国内外知名专家进行实时互动,听取他们的授课和演讲。这为学生带来了更多的学科知识和前沿信息,拓展了学生的学术视野,激发了学生的学习兴趣。与外地专家的交流还可以为学生提供更多的学术合作和科研合作机会,促进学生的学术成长和科研能力的提升。

其次,远程教育和视频教学技术也可以促进校际的合作与交流。通过远程教育平台,不同学校之间可以共享教学资源,开展联合课程和项目。学生可以选择跨校参与课程,获取更多优质的教育资源,丰富学习内容。同时,跨校合作也为学生提供了更多交流和合作的机会,培养了学生的团队合作和沟通能力,提升了学生的综合素质。

最后,远程教育和视频教学技术还可以提供更加灵活和自主的学习方式。学生可以根据自己的学习进度和兴趣选择参与不同的学习活动,自主安排学习时间。这种自主学习的方式能够更好地满足学生个性化学习的需求,激发学生的学习动力,提高学习效率。

然而,远程教育和视频教学技术的应用也需要注意一些问题。网络稳定性和设备条件是影响远程教学效果的重要因素。学校和教育机构应该确保网络设施的稳定性,为学生提供良好的在线学习环境。此外,学生也需要具备基本的网络设备和操作技能,以确保顺利参与远程教学活动。

5. 在线实验和模拟系统

在线实验和模拟系统是一种创新的教学工具,为耕读教育带来了许多优势和便利。通过在线实验和模拟系统,学生可以在虚拟环境中进行实际操作,模拟真实的实验过程,提高动手能力和实践技能。这种教学方式不仅让学生亲身参与实验,还能让他们在安全的环境中学习和探索,避免了实验中可能遇到的安全风险,为学生的学习保驾护航。

首先,在线实验和模拟系统为学生提供了更加灵活和自主的学习方式。学生可以随时随地通过网络进行实验和模拟,不再受到时间和地点的限制。这样的学习方式能够更好地满足学生个性化学习的需求,让学生可以根据自己的学习进度和兴趣进行学习,提高学习效率和学习积极性。

其次,在线实验和模拟系统丰富了学生的学习内容和学习资源。传统实验设备和实验材料可能受到限制,无法满足学生的需求。而在线实验和模拟系统可以提供更多种类的实验和模拟,涵盖更广泛的学科领域,为学生提供更丰富的学习内容和学习资源。学生可以在虚拟环境中进行多样化的实验和模拟,拓宽学习领域,培养自身的综合素质。

再次,在线实验和模拟系统还可以提高学生的实验技能和实践能力。学生在模拟实验中需要进行实际操作和观察,探索和解决问题。这种实践性学习使得学生更加深入地了解实验原理和实验过程,提高学生的实验技能和实践能力,为将来从事农业科研和实践工作打下坚实基础。

最后,在线实验和模拟系统也为教师提供了更多教学资源和教学手段。教师可以根据学科特点和学生需求,设计不同类型的在线实验和模拟,提供个性化的学习指导。教师还可以对学生的实验和模拟过程进行监控和评估,及时了解学生的学习情况,指导学生进行针对性的学习和训练,提高学生的学习效果。

创新科技在耕读教育的教学中为学生提供了更加丰富和多样化的学习体验。它不仅丰富了教学内容和方法,提升了学生的学习效果,还为教师提供了更多的教学工具和资源,提高了教学质量和效率。随着科技的不断进步,创新科技在耕读教育中的应用还将继续发展,为学生的综合素质提升和乡村振兴事业的发展做出更大的贡献。

第五节 耕读教育实施中的管理与评估

在乡村振兴和农村教育发展的背景下,耕读教育作为一种创新的教育模式逐渐受到关注和推崇。然而,要实现耕读教育的目标,仅仅依靠教学方法和教育理念的创新是不够的。实施耕读教育还需要有效的管理与评估机制来确保教育质量和效果。本节将重点探讨耕读教育实施中的管理与评估,包括教育资源的整合与配置、师资队伍的管理与培养、学生发展的全程跟踪与支持、教育质量的评估与监控,以及与社会合作伙伴的合作与共建。通过科学有效的管理和评估措施,耕读教育将为乡村振兴提供更有力的支持,为培养适应现代农业发展需要的优秀人才打下坚实基础。

(一)教育资源的整合与配置

在耕读教育的实施中,教育资源的整合与配置是关键的一环。耕读教育旨在提供多样化、实践性强的教育内容,因此需要充分整合各类资源,确保学校能够为学生提供优质的教育服务。

首先,教育资源的整合涉及学校内部的资源整合。在耕读教育的实施过程中,学校内部的资源整合是一个至关重要的任务。传统的教育模式往往将学科知识进行划分,导致学科之间存在壁垒,学生难以全面了解和应用多学科知识。然而,耕读教育的目标是培养具有综合素质和跨学科能力的乡村振兴人才,因此需要打破学科壁垒,形成多学科融合的教学体系。教育资源的整合意味着学校需要将不同学科、专业的知识和教学资源进行有效的融合。例如,在乡村振兴的背景下,学校可以将农业科技、农村经济、乡村规划等学科知识有机地融入耕读教育中。学校可以开设跨学科的课程,设计涵盖多个学科内容的教学活动,让学生在实际项目中综合运用不同学科的知识和技能。通过这种跨学科的教学模式,学生能够更加全面地了解农村发展和乡村振兴的复杂性和多样性。此外,教育资源的整合还需要学校重视课程设置和教学内容的改革。学校可以重新审视现有课程,将不同学科的知识融合在相关课程中,构建一个贯穿全程的教学体系。例如,在乡村振兴教育中,学校可以开设涵盖农村规划、农业科技创新、农村金融等多个学科内容的综合性课程,让学生全面了解乡村发展的各个方面。教育资源的整合是耕读教育实施的重要基础,它打破了传统学科的限制,促进了学科知识的交叉与融合,为培养全面发展、具有创新能力的乡村振兴人才奠定了坚实的基础。通过多学科的融合,耕读教育能够更好地满足乡村发展的需求,推动乡村振兴战略的实施。

其次,教育资源的配置涉及教师和学生之间的匹配。教育资源的配置,旨在为学生提供优质的教学服务和更多的实践机会。耕读教育鼓励学生主动参与,培养实践能力,因此需要合理配置具有实践经验和教学能力的教师资源。学校可以采取多种方式来优化教师资源的配置,如邀请具有丰富实践经验的农业科技专家、乡村规划师等行业专业人士担任客座教师或兼职教师。这些实践经验丰富的专业人士能够为学生提供真实的案例,引导学生深入了解乡村发展和农业科技应用。学校可以对教师进行专业培训,提升他们的教学水平和实践能力。耕读教育注重学生综合素质的培养,因此需要教师具备跨学科的教学能力和实践指导能力。通过不断学习和提升,教师能够更好地指导学生参与实践活动,将理论知识与实际应用相结合。学校还可以建立教师团队,加强教师之间的交流与合作。教师团队可以共同探讨教学内容和方法,分享教学经验和实践成果。通过教师团队的合作,教师能够相互借鉴,不断提高教学水平,为学生提供更加优质的教育服务。

最后,在耕读教育的实施中,教育资源的整合与配置不仅涉及学校内部的资源整合,还需要充分发挥校外和校际合作的优势。学校通过校内外资源的融合,可以为学生提供更加丰富多样的实践机会和学习资源,提高教育质量和水平。学校可以与农村企业、农民专业合作社等社会组织合作,共同开展教学实践活动。通过与社会组织的合作,学生能够直接参与到真实的农业生产和乡村发展项目中,了解农村经济的运作和管理。这种实践经验不仅加深了学生对理论知识的理解,还培养了学生的实际操作能力和问题解决能力。学校可以积极开展校际合作,与其他高校或科研机构共享教育资源。通过校际合作,学校可以拓宽教学内容和方法,为学生提供更多的学科选择和学习机会。同时,与其他高校的合作还可以促进教师之间的交流与合作,共同提高教学水平和研究能力。学校还可以利用现代信息技术,开展在线教育和远程教学。通过在线教学平台,学校可以与其他地区的教育机构合作,共享优质教学资源。学生可以通过网络课程和远程教学,获取来自全国甚至全球范围的知识和信息,拓宽学习视野。

(二)师资队伍的管理与培养

师资队伍的管理与培养是耕读教育实施中至关重要的一环。优秀的教师队伍是教育质量的基石,他们的专业水平和教学能力直接影响着学生的学习效果和发展。因此,学校需要采取一系列措施来管理和培养师资队伍,以提高教师的教学水平和教育质量。

1. 建立健全教师的选拔与评价机制

教师是教育的中坚力量,对他们的选拔与评价对于教育质量和学生的发展至关重要。在耕读教育的实施中,学校需要建立一套健全的教师选拔与评价机制,以确保招聘到具有专业知识和教学能力的优秀教师,并持续关注和改进他们的教学表现。

在教师的选拔过程中,学校应该制定严格的程序和标准,从中挑选出最合适的教师候选人。这包括学术背景审核、教学演示、面试等环节,以全面了解候选人的教学潜力和能力。同时,学校还可以参考教师的科研成果和教育经验,综合考量教师的各方面素质,确保选拔到优秀的教师。

教师的评价是对其教学表现进行全面评估的重要手段。学校可以采取多种方式进行评价,如学生评教、同行评教、教学观摩等。学生评教是获取教学满意度和教学效果的重要途径,通过学生的反馈,学校可以了解教师在课堂上的教学效果和学生对教学的反应。同行评教可以邀请其他教师对教师的教学进行评估,从而获得专业的反馈和建议。此外,教学观摩可以让教师相互学习和借鉴,促进教学水平的提高。

在评价的基础上,学校需要及时对教师的表现进行反馈,并提供相应的培训和支持。教师培训是持续提升教师教学能力的重要手段,学校可以组织专业的培训活动,帮助教师不断改进和完善教学方法。同时,学校还应该为教师提供良好的教学环境和教学资源,支持教师的教学创新和教学研究。

通过建立健全的教师选拔与评价机制,学校可以招聘到优秀的教师,并持续提高教师队伍的整体素质。同时,及时的评价和反馈,以及相应的培养与支持,可以激发教师的教学热情和创新精神,为耕读教育的实施提供坚实的师资保障。

2.提供职业发展机会和培训计划

教师是教育的中坚力量,他们的职业发展和不断提升的能力对于教育质量和学生的发展至关重要。在耕读教育的实施中,学校应该重视教师的职业发展,为教师提供良好的职业发展机会和培训计划。

首先,学校可以组织各类培训和研讨活动,让教师了解最新的教育理念、教学方法和教育技术。这些培训和研讨活动可以由学校内部的专家或外部的教育专家来进行,涵盖教学、科研、管理等多个方面,帮助教师全面提升自身的教育能力。培训内容可以围绕乡村振兴和乡村发展的需求,使教师能够更好地适应和满足学生的学习需求。

其次,学校也应该鼓励教师参与科研项目。通过参与科研项目,教师可以深入研究教育问题和农村发展的关键领域,提高科研水平,为学生提供更优质的教育资源。学校可以鼓励教师申请科研项目,提供相应的经费和资源支持,激发教师的科研热情和创新精神。

最后,学校还可以建立教师的职业发展规划,为教师提供明确的职业发展路径和晋升机制。这样可以激励教师在教学和科研方面取得更好的成绩,同时也有利于留住优秀的教师人才,为学校的长远发展打下坚实的师资基础。

学校应该重视教师的职业发展,为教师提供良好的培训机会和科研支持,激发教师的学习兴趣和科研热情。学校通过不断提升教师的教学水平和教育能力,可以为耕读教育的实施提供更加优质的教育资源,推动学生的全面发展和乡村振兴的进程。

3.加强对教师的关怀和支持

学校对教师的关怀和支持是教育事业的重要方面,它有助于提高教师的积极性和创造性,促进教师的发展和进步。在耕读教育的实施中,学校应该特别重视对教师的关怀和支持,以营造积极向上的教育氛围。

首先,学校应该建立健全教师的激励机制。教师是学校的宝贵财富,他们的辛勤工作和贡献应该得到应有的回报。学校可以根据教师的教学质量、科研成果、教学评价等方面进行综合考量,设立相应的奖励和激励措施。

这些奖励可以是荣誉称号、奖金、学术交流和培训机会等，以激励教师不断提高教学和科研水平。

其次，学校应该为教师提供良好的工作环境和待遇。教师的工作环境和生活条件直接影响到他们的工作热情和干劲。学校可以为教师提供舒适的办公和教学场所，提供完善的教学设施和教学资源，以提高教学效率和质量。同时，学校也应该给予教师合理的薪酬和福利待遇，保障其基本生活需求，提高教师的工作满意度和稳定性。

最后，学校还应该关心教师的身心健康，为教师提供必要的帮助和支持。教师在教学和科研工作中可能会面临一定的压力和困扰，学校可以设立心理健康辅导机制，为教师提供心理咨询和支持服务，帮助他们解决问题和缓解压力。同时，学校也可以鼓励教师积极参与体育锻炼活动，保持身体健康和精力充沛。

（三）学生发展的全程跟踪与支持

在耕读教育的实施中，学生是教育事业的核心，他们的发展是学校教育的根本目标。因此，学校应该重视学生发展的全程跟踪与支持，为学生提供个性化的指导和帮助，以确保每个学生都能充分发展自己的潜力。

第一，建立学生信息管理系统是学校实施全程跟踪与支持的基础和重要手段。这个系统可以收集、整合和分析学生的各类信息，包括学习成绩、学习习惯、兴趣爱好、社交活动等多方面的数据。学校可以通过数字化的方式记录和存储学生的信息，以便随时查阅和分析。首先，学校需要确保学生信息的安全。学生的个人信息是敏感数据，学校必须建立严格的信息安全保护措施，防止信息泄露和滥用。同时，学校应该征得学生及其家长的同意，确保信息的合法采集和使用。其次，学校可以通过学生信息管理系统实时跟踪学生的学习情况。教师可以记录学生的课堂表现、作业完成情况、考试成绩等，及时发现学生学习中存在的问题和困难。通过数据分析，学校可以识别学生的学科特长和薄弱点，为学生提供有针对性的学习指导和辅导。再次，学校还可以通过学生信息管理系统了解学生的兴趣爱好和特长。学生的个性和兴趣爱好对其发展有着重要影响，学校可以根据学生的兴趣爱好，提供相应的培训和活动，激发学生的学习热情和动力。最后，学校还可以通过学生信息管理系统了解学生的社交活动和人际交往。社交能力对学生的综合素质和发展具有重要作用,学校可以通过数据分析了解学生的社交情况,为学生提供相应的培训和指导,帮助他们建立积极健康的人际关系。学校建立学生信息管理系统是实施全程跟踪与支持的重要手段。通过全面收集和分析学生的信息,学校可以为学生制订个性化的学习计划和发展规划,提供有针对性的学习指导和辅导,帮助学生全面发展,取得更好的学习成绩和发展成就。这将有助于耕读教育的有效实施和学生成长成才。

第二,学校应该为学生提供多样化的发展支持和帮助。学生的全面发展需要综合培养,不仅仅依赖于学习成绩,还包括学生的个性养成、社交能力、实践经验等方面。因此,学校可以采取以下措施,为学生提供多样化的发展支持:学校可以开设多样化的兴趣小组和社团活动。通过提供各种不同主题的兴趣小组和社团,学校可以满足学生对于兴趣爱好的追求。这些兴趣小组和社团可以涵盖科技创新、艺术文化、体育健身等多个领域,培养学生的特长和个性。学校可以鼓励学生参与志愿服务和社区活动。通过参与志愿服务和社区活动,学生可以接触到社会不同层面的问题,增进对社会的认知和理解。同时,参与志愿服务还能培养学生的社会责任感和公民意识,激发学生的社会参与意识。学校还可以提供广泛的实践和锻炼机会。例如,学校可以与农村企业、社会组织等合作,为学生提供实习和实践机会。通过实际参与农村发展和乡村振兴的实践活动,学生可以更加深入地了解社会和实际问题,锻炼实践能力和解决问题的能力。此外,学校还可以为学生提供心理健康和职业规划的支持。学生在学习和成长过程中可能面临各种压力和挑战,学校可以设立心理健康辅导中心,为学生提供心理咨询和支持服务。同时,学校也可以为学生提供职业规划指导,帮助学生认清自己的优势,制定合理的职业规划。

第三,学校还应该关注学生的心理健康和情感需求。在学习和生活中,学生面临着各种挑战和压力,他们可能会经历情绪波动、学习焦虑等心理问题。因此,学校应该建立心理健康辅导机制,为学生提供心理咨询和支持服务。学校可以设立心理健康辅导中心或专业心理咨询团队,为学生提供定期的心理咨询和辅导。学生可以通过预约或自愿前来咨询,与专业心理咨询师进行面对面交流,倾诉心声,寻求解决问题的方法。心理咨询师可以帮助学生理清内心的困惑,增强心理韧性,应对挑战和压力。学校还可以开展心理健康教育和心理疏导活动。通过举办心理健康讲座、工作坊等活动,学校可以向学生传授应对压力和情绪管理的技巧,提高学生的心理调适能力。此外,学校还可以组织一些放松和疏导的活动,如农村郊游、体育运动等,帮助学生释放压力,缓解紧张情绪。除了心理健康支持,学校也应该加强师生互动,建立良好的师生关系。教师应该关注学生的学习情况和情感需求,定期与学生进行交流,了解学生的困惑和需求,并及时给予帮助和引导。通过建立师生互动机制,学校可以营造温馨的学习氛围,增强学生的归属感和融入感。

总的来说,学校应该重视学生发展的全程跟踪与支持,建立学生信息管理系统,为学生提供个性化的指导和帮助。通过多样化的发展支持和心理健康关怀,学校可以促进学生全面发展,培养他们成为具有社会责任感和创新能力的优秀人才。这将有助于耕读教育的实施取得更加显著的成效。

(四)教育质量的评估与监控

教育质量的评估与监控是耕读教育实施中不可或缺的重要环节。通过对教育质量的全面评估和持续监控,学校可以及时了解教育实施的效果,发现问题并解决问题,确保教育目标的顺利达成。

首先,学校需要建立科学有效的教育质量评估体系。这一体系应综合考量学生、教师和教学环境等多方面的指标,以全面了解教育质量的情况。学校可以通过学生的学习成绩来评估教育质量。学生成绩是教育质量的重要体现,可以反映学生对知识理解和掌握的程度。学校可以定期进行考试和测评,分析学生的学习成绩变化趋势,从而了解教学的有效性和学生学习的水平。学校还应关注教学效果。教学效果可以通过学生的学习反馈和教学满意度来衡量。学校可以通过问卷调查等方式收集学生的意见和建议,了解学生对教学过程的感受和评价。同时,学校也可以收集教师的教学反馈,了解教师对教学的自我评估和改进措施。除此之外,学校还可以采用观察法和教学记录法等方法,对教学过程进行实地观察和记录。通过教室观察和教学录像等方式,学校可以了解教学过程中的问题和亮点,为教学改进提供具体依据。在建立教育质量评估体系时,学校还应注重数据的分析和应用。通过数据分析,学校可以发现潜在的问题和挑战,并制订针对性的教学改进计划。同时,学校还可以将评估结果与教学目标进行对比,评估教学目标的实现程度,从而不断优化教育质量。

其次,学校可以采用多种评估方法,如考试、问卷调查、学生作品评审等。这些方法可以从不同角度评估教育质量,为学校提供全面的参考依据。同时,学校还可以邀请专家或外部机构进行第三方评估,以获得客观的评价结果。

考试评估:学校可以定期组织考试,通过学生在考试中的表现来评估其对知识和技能的掌握程度。考试可以包括笔试、实验考核、实习实训等形式,以全面评估学生的学习效果。

问卷调查:学校可以设计针对学生、教师和家长的问卷调查,收集他们对教学质量和学校管理的反馈意见。问卷调查可以了解学生对教学内容、教师教学态度、学习环境等方面的感受,为教育改进提供有价值的信息。

学生作品评审:学校可以评审学生的学术作品、创新项目、实践报告等,以了解学生在学科知识应用和实践能力方面的水平。学生作品评审可以发现学生的潜力和特长,为学生的个性化发展提供参考依据。

第三方评估:学校可以邀请外部专家或教育机构进行第三方评估。第三方评估具有客观性和公正性,可以为学校提供独立的评估结果和建议。这种评估方式可以帮助学校发现自身存在的问题和不足,为教育质量的提升提供专业指导。

教学观摩和反馈:学校可以组织教师之间的互相观摩和教学反馈活动。教师之间的教学观摩可以分享优秀的教学经验和教学方法,相互学习借鉴。同时,教学反馈可以为教师提供同行的专业评价和建议,促进教学的改进与提升。

学校在教育质量的评估与监控中应采用多种评估方法,从不同角度全面地了解教育质量的情况。考试、问卷调查、学生作品评审等方法可以直接反映学生的学习情况和学校管理的效果,而第三方评估和教学观摩、反馈可以提供独立、专业的评价结果。这些评估方法的综合应用可以为学校提供全面的参考依据,为教育质量的改进和提升提供有效的支持。

另外,持续的教育质量监控也是非常重要的。学校可以建立教学监控机制,定期对教学过程进行跟踪和记录,及时发现教学中的问题和难点。通过教学监控,学校可以及时采取相应的措施,优化教学设计和教学流程,提高教学效率和教学质量。

教学观察和记录:学校可以派遣专门的教学观察员对教学过程进行观察和记录。教学观察员可以在课堂上观察教师的授课方式、学生的学习表现,以及教学资源的利用情况。通过教学观察和记录,学校可以了解教学过程中的问题和难点,为优化教学设计和提高教学质量提供依据。

学生学习成果评估:学校可以定期进行学生学习成果评估,检验学生对知识和技能的掌握程度。学生学习成果评估可以帮助学校了解教学效果和学生学习情况,及时发现学生学习中的薄弱环节和问题。

教学反馈和评估:学校可以组织学生、家长和教师参与教学反馈和评估。学生和家长可以反馈对教学的感受和意见,教师可以对教学效果进行自我评估。通过教学反馈和评估,学校可以了解教师和学生的需求,及时调整教学策略,提高教学质量。

教育数据分析:学校可以利用教育数据分析工具,对教学数据进行深入分析。通过数据分析,学校可以发现学生学习中的特点和规律,及时识别学生的学习困难,并针对性地进行教学辅导和帮助。

教学改进和创新:学校应该鼓励教师参与教学改进和创新。教师可以提出教学改进方案和创新教学方法,学校可以组织教学研讨和交流活动,促进教师之间的教学互动和学习。

通过持续的教育质量监控,学校可以及时发现教学中存在的问题,采取相应的措施,优化教学设计和教学流程,提高教学效率和教学质量。教育质量的持续监控也有助于学校不断提高教育教学水平,不断满足学生的学习需求,为耕读教育的顺利实施提供坚实的保障。

最后,学校应该将教育质量评估与教育目标相结合。学校应该明确教育目标,并制定相应的评估指标,以确保教育质量与目标的一致性和有效性。学校可以设立学生综合素质评估指标体系。这包括学生的学业成绩、学科知识掌握情况,同时也应该评估学生的学习态度、学习方法、创新思维等综合素质。通过对学生综合素质的评估,学校可以了解学生在学科知识和综合素质方面的表现,及时发现学生的优势和不足,为学生的个性化发展提供针对性的帮助。学校可以设立实践能力评估指标体系。耕读教育强调学生的实践能力培养,因此,学校可以通过实践活动、项目实施等方式评估学生的实践能力。学校可以考察学生在实际操作中解决问题的能力、团队合作和沟通能力,以及在社会实践中表现出的创新意识和领导能力。学校还可以设立创新能力评估指标体系。耕读教育鼓励学生培养创新思维和创新能力,因此,学校可以从学生的创新项目、创新成果等方面评估学生的创新能力。学校可以关注学生在解决实际问题中的创新思路和方法,以及在创新项目中表现出的创造力和创新能力。此外,学校还可以设立社会责任感评估指标体系。耕读教育注重培养学生的社会责任感和公民意识,因此,学校可以从学生的社会志愿服务、社区参与等方面评估学生的社会责任感。通过将教育质量评估与教育目标相结合,学校可以全面了解学生的学习和发展情况,及时发现教育教学中存在的问题和不足。同时,学校也可以根据评估结果调整教育教学策略,优化教育资源配置,提高教育教学质量,为学生的全面发展和实践能力培养提供有力保障。

(五) 与社会合作伙伴的合作与共建

与社会合作伙伴的合作与共建是耕读教育成功实施的重要保障。学校可以与农村企业、农民专业合作社、农村社区等社会组织建立合作关系,共同推动农村发展和乡村振兴。

1. 与农村企业合作开展产教融合项目

学校与农村企业开展产教融合项目是一种有效的合作模式,可以促进学生与企业之间的互动与合作,同时为农村发展和乡村振兴提供新的动力。这样的合作项目可以从多个方面促进学生的学习和成长:

首先,学校与农村企业合作,可以让学生深入了解农村产业的实际需求和运营模式。通过参与实际生产和经营活动,学生可以亲身体验农村企业的运作过程,了解农村产业链条的构成,从而更加深入地理解理论知识在实践中的应用。这种实践性的学习方式可以增强学生的动手能力和实践能力,培养解决实际问题的能力。

其次,学校与农村企业合作的产教融合项目为学生提供了与企业专业人士交流的机会。学生可以与企业的技术人员、经营管理人员等专业人士进行沟通和交流,倾听他们的实践经验和行业见解。这样的交流可以拓宽学生的视野,让学生了解行业发展的前沿动态,为学生未来的职业规划和发展提供有益的指导。

最后,学生参与产教融合项目还可以培养团队合作和沟通能力。在项目中,学生通常需要组成小组,合作解决实际问题。通过与同伴的合作,学生可以学会倾听他人意见,协调分工,共同完成任务。这样的合作经验对于学生未来的职业发展有着积极的影响。

最重要的是,通过产教融合项目的合作,学校可以为农村企业提供新的思路和人才支持。学生在项目中可以产生新的视角和创新的想法,为农村企业注入新的活力。同时,学校的专业知识和技术支持也可以帮助农村企业提高生产效率和管理水平。

学校与农村企业开展产教融合项目是一种双赢的合作模式。通过这样的合作,学生可以获得更多的实践机会和专业知识,为农村发展和乡村振兴贡献力量,而农村企业也可以得到新的思路和人才支持,实现可持续发展。这种合作与共建的模式为耕读教育的实施提供了重要的支持和保障。

2. 与农民专业合作社合作开展社区服务项目

学校与农民专业合作社合作开展社区服务项目是一种有益的合作方式,可以促进学校与社区的深度融合,同时为学生提供更加贴近实际的社会实践机会。这样的合作项目可以从以下几个方面促进学生的学习和成长:

首先,社区服务项目可以让学生深入了解农村社区的实际需求和问题。通过参与社区服务活动,学生可以走进农村社区,与农民面对面交流,了解他们的生活现状、农村的经济发展和环境问题等。这种实地考察和实践体验可以让学生更加深入地了解农村发展的现实情况,为他们未来的职业发展和服务乡村振兴提供重要的参考和启示。

其次,社区服务项目为学生提供了培养社会责任感和公民意识的机会。学生参与社区服务活动,可以体验到社会实践的重要性,了解自己作为公民应该承担的责任和义务。在服务过程中,学生可以学会倾听和理解社区居民的需求,同时也可以为他们提供有益的帮助和支持。这样的经历有助于培养学生的社会责任感和公民素养,为他们未来参与公益事业做好准备。

最后,社区服务项目可以增强学生的实践能力和问题解决能力。在社区服务过程中,学生通常需要与社区居民合作,共同解决实际问题。通过与社区居民的交流和合作,学生可以学会倾听他人需求,分析问题,提出解决方案,并加以实施。这样的实践过程可以提高学生的动手能力和实践技能,培养他们解决问题的能力。

3. 与农村社区合作开展农业科技推广项目

学校与农村社区合作开展农业科技推广项目是非常有意义的合作方式,可以促进农业科技的应用与发展,同时也为学生提供了深入了解农村生产的机会,有利于实现耕读教育的目标。

首先,农业科技推广项目为学生提供了实践科技推广的机会。学校可以与农村社区合作,引进先进的农业科技成果,然后通过学生参与实地推广,让农民了解和应用这些新技术。学生可以亲自参与科技推广过程,学习如何向农民介绍和演示新技术,培养科技推广能力和沟通交流能力。通过实践,学生可以深入了解农民的需求和问题,帮助他们更好地应用科技成果,提高农业生产效率和经济效益。

其次,农业科技推广项目为农村社区提供了科技支持。学校作为教育机构,具有丰富的科技资源和专业知识,可以为农村社区提供科技支持和指导。学生作为科技推广员,可以与农民共同探讨科技应用的问题,解决实际生产中的难题。这样的合作有助于提高农民的科技水平和创新能力,推动农村生产的现代化和可持续发展。

最后,农业科技推广项目也有助于推动农业科技的创新与发展。学校与农村社区合作,可以将科技成果引进农村社区,然后通过实践应用,发现问题和不足,为科技改进和创新提供反馈和建议。同时,学校可以鼓励学生参与科研项目,深入研究农村发展和农业科技问题,为农业科技的创新和发展做出贡献。

4. 与其他高校进行校际合作

校际合作是耕读教育中非常重要的一部分,它为学校提供了与其他高校共享资源、共同合作的平台,有助于拓宽教育教学的广度和深度,提高教育质量和水平。

首先,校际合作可以促进教育资源的共享。不同高校在各自领域都有着丰富的教育资源和科研成果。通过合作,学校可以获取其他高校的教学资源和科研成果,充实自己的教学内容和课程设置。例如,一些高校可能在乡村振兴和乡村发展方面有着深入的研究和实践经验,学校可以借鉴其成功的案例和教学经验,为耕读教育提供更多的实践案例和教学资源。

其次,校际合作可以促进教师之间的交流与合作。不同高校的教师在教学方法、教育理念和科研方向上可能存在差异。通过校际合作,学校的教师可以与其他高校的教师进行交流和合作,共同探讨教育教学的新理念和方法。这样的交流与合作有助于教师们不断提升自己的教学水平和教育能力,从而提高教育质量。

最后,校际合作还可以促进科研合作与创新。耕读教育需要紧密结合实际问题进行科研和实践,而合作伙伴中的其他高校往往有着丰富的科研资源和技术力量。学校可以与这些合作伙伴共同开展科研项目,解决农村发展和乡村振兴中的实际问题,推动农业科技的创新和发展。这样的科研合作与创新有助于将耕读教育中的理论知识与实践问题相结合,提高学生的综合素质和实践能力。

总之,与社会合作伙伴的合作与共建是耕读教育实施的重要支撑。通过与社会合作伙伴的合作,学校可以获得更多实践机会和资源支持,为学生的全面发展和实践能力培养提供有力保障。同时,与社会合作伙伴的合作也促进了农村发展和乡村振兴,形成了共赢的局面。

第六章　耕读教育与劳动教育

随着社会的快速发展,劳动教育在培养人才方面的重要性日益凸显。而在地方涉农高校中,耕读教育作为一种独特的教育方式,也渐渐受到人们的关注和重视。耕读教育结合了传统的农耕文化和现代的教育理念,致力于培养具有实际劳动技能和全面素质的人才。

本章将深入探讨耕读教育与劳动教育在理论与实践上的联系,分析它们之间的相互作用。首先,将审视人力资本理论、全人教育理论、劳动力供求理论以及马克思主义劳动教育理论在耕读教育中的运用,并从这些理论中挖掘耕读教育的深层价值和意义。其次,将从解决劳动教育缺失的角度,研究耕读教育的特殊贡献和作用,探讨它在家庭、学校和社会教育中的实践价值。最后,通过对耕读教育与传统劳动教育的协同融合、耕读教育与现代劳动教育的创新交融以及耕读教育与劳动教育共生共进的策略与路径的探讨,本章将展现耕读教育与劳动教育在现代化进程中的共同目标和发展方向。本章力图揭示耕读教育与劳动教育之间的内在联系,激发对涉农高校教育模式的新思考,为教育实践和理论研究提供新的视角和思路。

第一节　耕读教育理论基础

(一)人力资本理论在耕读教育中的应用

1. 提高个人生产能力

耕读教育,起源于古代的"耕读"传统,融合了农耕文化与现代教育理念。而在今天的涉农高校中,它被赋予了更为深厚的教育意义和功能。

(1)实践与操作能力的核心地位

耕读教育与传统教育相比,更为强调实践和操作的重要性。传统的理论教学主要关注知识的传授,而耕读教育看重的是学生如何将所学知识应用于实际操作中。这种以实践为主的教育模式,更加契合人力资本理论中关于提高劳动者生产力的观点。实践经验不仅增强了学生的实际操作能力,还培养了他们的问题解决能力、创新思维和团队合作精神。

(2)实际农耕环境的重要性

耕读教育把学生置于真实的农耕环境中,这不仅是对他们理论知识的一次检验,更是对他们综合能力的一次锻炼。在这样的环境中,学生需要面对真实的农业问题,如土壤改良、农作物病虫害防治、农业技术的应用等。这种真实的锻炼过程,无疑会大大提高学生的生产能力。

(3)提高未来的收入潜力

根据人力资本理论,那些具备更多技能和知识的人在劳动力市场上往往能获得更高的回报。耕读教育不仅为学生提供了专业技能的培养,更为他们提供了丰富的实践经验,这将增强他们在未来职场的竞争力。对于涉农行业的雇主而言,具备实际农耕经验的学生往往更受欢迎,因为他们更能迅速适应工作环境,提高工作效率。

2.强调教育投资的长期回报

耕读教育的推动与实施,是一项系统工程,涉及多个方面的资源整合和深远的规划。对于涉农高校来说,耕读教育更是一项长期战略投资,其成果并不会在短时间内显现。实践教学设施的建设和维护是耕读教育的核心部分。这包括了农田的开垦、实验室的建设、现代农业设备的采购等。此外,为了与现代农业技术相结合,可能还需要引入一些先进的科技元素,如智能农业监控系统、无人机喷洒设备等。这些设施的投入都需要大量资金支持,而且在初期可能并没有直接的经济效益回报。此外,教师队伍的培训也是关键环节。教师不仅要具备扎实的农业理论知识,还需要具有丰富的实践经验。学校需要组织教师进行现场实践培训、参加农业技术研讨会、与农业企业合作交流等。这一方面有助于提高教师的教学能力,另一方面也有助于学校与地方农业的紧密结合。

耕读教育的实施正符合人力资本理论的核心观点,即教育是一项长期投资,它的回报不是短期可见的。耕读教育培养的不仅是具备农业专业技能的人才,更是具有创新精神、团队合作能力、社会责任感的全面发展人才。

这些人才在未来进入职场后,不仅能为农业领域带来创新和发展,还能推动社会经济的全面增长。

从更广阔的角度看,耕读教育的实施还具有深远的社会价值。它能够引导学生回归农业,热爱土地,增强对传统农耕文化的认同感和传承意识。此外,耕读教育还与国家农业可持续发展和乡村振兴战略紧密相连,具有重要的战略价值。

总体来说,耕读教育的实施是一项长期且复杂的工程,涉及多方面的资源投入和综合规划。然而,正如人力资本理论所强调的,教育投资的回报是长远的。耕读教育不仅能为学生个人带来长期价值,更能为社会经济带来持续的增长和发展,彰显了教育投资的长期回报和深远价值。

3.促进地方经济发展

人力资本理论主张教育可以提高地区的经济竞争力,耕读教育便是这一理论在农业教育领域的具体体现。与传统的学科教育相比,耕读教育更侧重于本地农业的实际需求,培养的人才更符合地方农业发展的需求。

耕读教育是一种结合了理论学习和实践操作的教育方式,尤其针对农业教育。在实际操作中,学生不仅能够学习和掌握农业的基本技能,还能对本地的农业环境、气候、土壤、作物特性等有更深入的了解。这种教育方式有助于培养学生的实际操作能力和创新思维,让他们更好地适应和服务于本地农业发展的实际需求。更进一步,耕读教育的推广不仅能够为地方农业培养合适的人才,还能推动地方农业技术的创新和发展。学生在实际操作中可能会发现新的农业技术、方法或工具,或者提出改进现有技术的建议,从而促进地方农业技术的进步。此外,耕读教育还有助于促进地方农业产业链的完善和发展。通过与当地农业企业、合作社、农民等合作,学校可以将教育资源和实际农业生产相结合,形成产学研一体化的协同创新模式。这种模式有助于推动地方农业产业链的升级和转型,增强地方农业的核心竞争力,从而促进地方经济的可持续发展。耕读教育还能加强学生对农业和农村的情感联系,引导他们将来选择回归农村工作,为乡村振兴战略贡献自己的力量。这不仅有助于缓解农村人才流失问题,还能为农村经济的发展注入新的活力。

耕读教育作为一种针对地方农业特点和需求的特殊教育方式,其实施不仅符合人力资本理论的主张,更是一种符合地方实际、有利于地方经济可持续发展的重要举措。通过与地方农业紧密结合,耕读教育有助于培养更符合地方需求的人才,推动地方农业技术的创新和产业链的完善,从而促进地方经济的可持续发展。

4. 减少劳动力市场的失衡

减少劳动力市场的失衡是人力资本理论在劳动力市场供需关系中的一个核心考虑。耕读教育紧扣地方农业发展需求,通过有针对性地培养学生,能更精确地满足劳动力市场的需求,从而减少人才供需失衡现象。在传统教育体系下,可能会出现教育培养的人才与实际劳动力市场需求不匹配的问题,这种失衡可能会造成人才浪费和劳动力资源的不合理分配。而耕读教育,尤其是地方涉农高校推动的耕读教育,正是针对这一问题提出的有效解决方案。通过密切结合地方农业发展的实际需求,高校可以精准培养符合劳动力市场需求的人才。这种教育方式强调学生在实际农耕环境中的学习和实践,使他们在学习期间就能够接触实际工作环境,掌握更符合市场需求的知识和技能。这不仅有助于提高学生毕业后的就业率,还能促使他们更好地融入劳动力市场,更快地为地方农业发展做出贡献。同时,教育培训更符合劳动力市场的实际需求,也减少了人才的浪费现象,使劳动力资源得到了更合理、更高效的利用。此外,耕读教育还有利于调节地方劳动力市场的结构性失衡。通过与地方政府、农业企业等合作,高校可以及时掌握劳动力市场的变化趋势和需求信息,调整教育培训的方向和内容,使人才培养更具针对性和灵活性。这有助于及时解决地方劳动力市场的结构性问题,保持劳动力市场的平衡和稳定。

总之,耕读教育是一种高度符合人力资本理论的教育模式,通过紧密结合地方农业和劳动力市场的实际需求,精准培养人才,有效减少劳动力市场的失衡现象,为地方经济的持续、稳定发展提供了有力支持。

5. 促进社会流动和均衡发展

促进社会流动和均衡发展是人力资本理论的重要组成部分,它提倡教育的平等机会,强调教育对缩小收入差距和促进社会流动的作用。耕读教育正是这一理念的具体体现,通过与地方农业紧密结合,为社会经济背景较低的学生提供了更多的发展机会,从而有助于促进社会的均衡发展。

在许多地区,特别是农村地区,教育资源相对匮乏,社会经济背景较低的学生可能会面临更多的教育机会不平等的问题。耕读教育通过强调实际农耕操作与理论学习的结合,为这些学生提供了一条与本地农业发展紧密相连的职业发展道路。这种教育方式不仅能提供更实用、更贴近生活的教育内容,还能为学生提供与本地农业企业、合作社等合作的实践机会。通过耕读教育,学生不仅能学到专业知识和技能,还能培养自身的职业素养和创业精神,为今后的就业和创业积累经验和资源。这为社会经济背景较低的学生提供了一个平等竞争和自我提升的平台,有助于他们摆脱贫困,实现社会经济地位的提升。此外,耕读教育还有助于缩小地区之间的发展差距。通过与本地农业发展紧密结合,地方高校可以培养更符合地方特点的人才,促进本地农业技术的创新和产业链的完善,从而推动地方经济的发展。这不仅有助于提高地区的经济竞争力,还能促进地区间的均衡发展,缩小城乡、地区之间的发展差距。

耕读教育是一种强调教育公平和均衡发展的教育模式。通过紧密结合地方农业和社会经济实际,为不同社会经济背景的学生提供平等的教育机会,推动社会流动,促进地区间和社会内部的均衡发展。这一教育模式充分体现了人力资本理论的思想,为实现教育公平和社会均衡发展提供了有效的途径。

(二)全人教育理论对耕读教育的启示

全人教育理论强调了教育应该关注个体的全面发展,不仅要培养学生的智力和能力,还要促进其身体、情感、社交、道德等方面的全面成长。这一理念与耕读教育的理念和实践相契合。

1. 强调实践与经验学习

全人教育理论主张通过实际经验和参与来促进学生的全面发展,这一观点与耕读教育的理念高度契合。耕读教育正是以实际农耕操作为载体,强调学生的主动参与和体验。首先,耕读教育通过实地农耕,让学生直接参与到土地的耕作和植物的培养中,这种真实的体验远远超过了纯理论的学习,使学生对农业生产的整个流程有了深入的了解和体验。其次,耕读教育鼓励学生主动探索和创新,比如解决实际农业生产中遇到的问题,这种问题解决的过程促进了学生的创造性思维和批判性思维的培养。再次,耕读教育还强调团队合作和交流,学生需要与同伴协同合作完成农作任务,这不仅锻炼了学生的沟通和协调能力,还加深了学生对集体合作精神的理解。最后,通过实际操作和体验,学生能更好地理解农业生产的社会价值和意义,从而培养社会责任感和使命感。

2. 促进身体与心理健康的平衡发展

全人教育理论关注个体的身体和心理健康,与耕读教育的实施有着天然的契合点。耕读教育通过让学生参与体力劳动,不仅锻炼了学生的身体,还有助于培养学生耐劳、坚韧的品质。耕读教育的体力劳动要求学生亲自动手进行土地耕作、播种、施肥、浇水等一系列农作活动。这些活动的完成需要学生付出身体劳动,不仅增强了学生的体能和协调性,还让学生体验到通过努力工作获得收获的成就感。耕读教育通过长时间的耕作和劳动锻炼,有助于培养学生耐劳和坚韧的品质。农作过程中可能会遇到诸多挫折和困难,如气候不佳、虫害侵扰等,学生需要学会坚持,这种耐心和坚持有助于塑造学生坚韧不拔的品格。耕读教育还让学生体验到了与自然的紧密联系,让学生在大自然中寻找平静和放松,对于心理健康的促进也有很好的效果。学生与土地亲近,感受自然的节奏,有助于舒缓精神压力,达到身心平衡的健康状态。耕读教育还强调集体劳动的精神,学生在集体中相互支持、协作,这种团队精神的培养对于学生的社交能力也有很好的促进作用。

3. 培养社交和团队合作能力

全人教育理论强调人际交往和团队合作的重要性。在现今社会,合作与沟通成为人们共同生活和工作的必备能力。耕读教育让学生在集体劳动中学会合作与沟通,培养团队精神和责任感,这与全人教育理论的要求高度契合。耕读教育中的集体农耕活动,需要学生共同分工协作,完成耕作、播种、灌溉、收获等一系列复杂的任务。这些任务的成功完成,需要学生之间相互理解和配合,发展出良好的沟通和协作能力。团队中的每一个成员都有自己独特的角色和责任,耕读教育注重培养每个学生在团队中的责任感和归属感。通过共同劳动,学生不仅可以体会到自己努力的价值,还能够认识到团队合作的重要性,从而增强团队精神。集体农耕活动也是一种社交的过程,学生在共同工作中相互了解,建立友谊,增强了人际交往能力。这不仅增进了同伴之间的理解和友谊,还有助于学生将来在更广阔的社交场合中自如应对。团队合作还培养了学生的领导能力和协调能力。在团队中,总会有需要某人站出来协调和引导的时候,学生在这一过程中能够锻炼领导团队、解决团队冲突、协调团队资源等能力。耕读教育通过集体劳动的形式,不仅培养了学生的合作精神和责任感,还锻炼了学生的沟通、领导和协调能力。这些能力的培养,为学生未来的学习和职业生涯打下了坚实的基础,完全符合全人教育理论的培养目标,为学生的全面发展提供了有力支撑。

4. 强调道德和价值观的培养

全人教育理论主张通过教育来塑造个体的道德观念和价值取向。耕读教育通过让学生亲身体验农耕劳动,可以培养他们的勤劳、节俭、敬业等美德,与全人教育理论中的道德和价值观的培养目标高度一致。耕读教育是一种特殊的教育模式,将理论学习与实际农耕劳动相结合,使学生在实践中体验和理解劳动的价值。这一过程中,耕读教育对学生的道德和价值观的塑造起到了关键作用。农耕劳动是辛苦而且充满挑战的,它要求学生投入大量的时间和精力,培养了学生的勤劳精神。学生在田间劳作,体会到了耕种的艰辛,也得到了勤劳带来的收获。农耕劳动还培养了学生的节俭观念。在农业生产中,资源的合理利用和节约使用是非常重要的。学生在亲身参与种植、灌溉、施肥等过程中,学会了珍惜每一寸土地、每一滴水,培养了节俭和环保的意识。农耕劳动强调的是长期坚持和耐心付出,这有助于培养学生的敬业精神。学生通过参与从播种到收获的整个过程,懂得了只有付出辛勤劳动和坚持不懈的努力,才能够实现目标。耕读教育还有助于培养学生对自然的敬畏之情。通过亲手种植和培养作物,学生能够更加深刻地理解自然界的规律,增强保护自然的意识。耕读教育不仅是一种培养学生农业技能的方式,更是一种培育道德和价值观的有效途径。它通过将学生置于实际农耕环境中,使他们在实践中学习和成长,培养了勤劳、节俭、敬业等基本美德,有助于塑造均衡和健康的人格,符合全人教育理论的核心目标。

5. 发展创新和批判性思维能力

发展创新和批判性思维能力是全人教育理论的重要组成部分,它不仅关注知识的积累,而且强调培养学生的思考和分析能力。在耕读教育中,这一理念得到了深入的体现和实践。耕读教育是一种结合了农业生产实践与教育的教学方式,强调理论与实践的结合,注重培养学生的实际操作能力和创新精神。在耕读教育的过程中,学生不仅要学习农业科学的理论知识,还要直接参与农业生产,亲自下地耕作。这一教学方式让学生走出课堂,直接面对实际问题,迫使他们在实际操作中主动思考,寻找新的解决方案,激发了他们的创新思维。例如,学生在种植过程中可能会遇到土壤、气候等问题,这时候他们需要根据所学理论知识,结合实际情况,发挥创造力,寻找解决方法。这不仅有助于培养他们的创新精神,还能让他们学会如何在面对困境时,运用批判性思维分析问题,做出合理的判断和决策。此外,耕读教育鼓励学生自由尝试不同的种植方法和技术,即使失败,也被视为一次宝贵的学习经历。这种鼓励尝试和勇于失败的教育理念,有助于培养学生的勇气和自信,锻炼他们的批判性思维能力。耕读教育还强调科学分析与判断,学生需要学会如何观察、分析多个因素,例如土壤、气候、植物生长等,做出合理的决策。这一过程不仅锻炼了学生的逻辑分析能力,还有助于培养他们的批判性思维。

6. 促进生涯规划和未来发展

全人教育理论不仅关注学生在学校时期的学习和成长,还致力于帮助学生了解自己,发现潜能,为未来的生涯规划打下坚实基础。在这一理念下,耕读教育发挥了重要作用。

耕读教育作为一种将农耕实践与教育相结合的教学方式,提供了丰富多元的学习经验。与传统教育相比,耕读教育更加注重实际操作和体验学习,使学生有机会直接参与到农业生产的各个环节中。这种实践中的学习不仅能增强学生的专业技能,还有助于他们更好地了解自己的兴趣和倾向。通过耕读教育,学生可以深入了解农业领域的各个方面,如种植、养殖、市场营销等。这种全面的了解使学生更能明确自己的兴趣所在,也有助于他们更清晰地认识到自己在这一领域中的潜能和优势。有了这些认识,学生更容易做出合理的职业选择和生涯规划。此外,耕读教育也强调学生个人发展的连续性和一体性。它不仅关心学生在校时期的学习,还关心学生毕业后的职业发展和人生规划。通过与地方企业和农业部门的合作,耕读教育还为学生提供了实习和就业的机会,帮助他们更好地将所学知识和技能应用到实际工作中,为其未来的职业生涯铺平道路。耕读教育还鼓励学生自主思考和探索,培养他们的自主学习和生涯规划能力。在这一教育环境下,学生不仅能学到知识和技能,还能学会如何自我评估、自我管理、自我发展,更能适应快速变化的社会环境,有计划地开展自己的职业生涯。

综上所述,耕读教育与全人教育理论的目标高度契合,通过提供实际操作和多元化体验,有助于学生发现自己的兴趣和潜能,更加明确和自信地规划自己未来的发展道路。这一教育方式不仅促进了学生的专业成长,更有助于他们的全面发展,为其未来的成功奠定了坚实基础。

(三)劳动力供求理论与耕读教育的关联

耕读教育,作为一种结合农耕实践与学科学习的教育模式,旨在培养学生的实际操作能力,以更好地适应地方农业和相关产业的发展需求。劳动力供求理论作为经济学的一个重要分支,强调劳动力市场供需之间的匹配、劳动生产率的提高和市场结构的平衡。因此,耕读教育与劳动力供求理论的关联揭示了如何通过教育来解决劳动力市场的实际问题,实现人才培养与市场需求之间的有效衔接,进而促进地方经济的可持续发展。

1. 匹配地方劳动力需求

劳动力供求理论核心在于寻求劳动力市场的供需平衡。这种平衡关系意味着劳动力的供给(即拥有某种特定技能和资格的人数)应该与市场上对这种劳动力的需求大致相当。不平衡的劳动力市场可能会导致失业或技能短缺,从而影响经济的稳健发展。耕读教育作为一种特殊的教育形式,正是针对地方的实际需求而开展的。它注重根据地方农业和产业的实际特点进行教育和培训,与传统的学术教育方式不同,更注重实际知识和技能的培训。这种教育方式更能确保学生在完成学业后,拥有与地方市场需求相匹配的知识和技能。此外,耕读教育也与地方社区、农民和产业部门保持紧密的联系,确保教育内容与实际需求紧密相连。通过这种方式,学生可以更深入地了解地方的农业和产业结构,明确自己的职业方向,从而更好地为地方经济发展做出贡献。最终,通过耕读教育的培训,学生不仅能够获得与地方劳动力市场匹配的知识和技能,还能够减少地方劳动力市场的供需失衡现象。这种供需平衡不仅有助于提高地方的经济效益,还为学生的未来职业生涯提供了更多的机会和可能性。

2. 提高劳动生产率

劳动生产率是衡量劳动力效率的重要指标,与一个区域或国家的经济成长和竞争力密切相关。劳动力供求理论不仅关注劳动力市场的供需平衡,还强调劳动生产率的提高。提高劳动生产率意味着同样数量的劳动力能够生产更多的商品和服务,从而提高整体的经济效益。耕读教育,作为一种结合理论学习与实际操作的教育模式,特别适合提升学生的劳动生产率。实际操作训练使得学生在学校阶段就能积累丰富的实际工作经验,减少了毕业后适应职场的时间,从而提高了劳动效率。与传统的理论教学相比,耕读教育更强调学生的实际操作和实践经验。学生在实际工作环境中学习和操作,不仅有助于加深对理论知识的理解,还能培养独立解决问题的能力,从而提高工作效率。耕读教育通常与地方的农业和产业需求紧密结合,教学内容与地方经济的实际需求相匹配,确保了学生学到的知识和技能能够直接应用于实际工作,减少了"学用不同"的问题,从而提高了劳动生产率。耕读教育致力于培养专门针对地方产业需求的专业化人才,通过专业化的培训,使学生能够更快速地掌握所需的专业技能,从而提高工作效率。总而言之,耕读教育强调实际操作训练和实践教学,有助于提升学生的实际操作技能和工作效率。这不仅增强了学生的就业竞争力,还为提高整体劳动生产率、推动地方经济发展提供了重要支持。

3. 促进劳动力的灵活流动

劳动力的灵活流动是现代劳动力市场的一个重要特征,有助于确保劳动力能够根据市场需求迅速调整和重新部署。在劳动力供求理论中,劳动力的流动性被视为影响劳动力市场效率和灵活性的关键因素。耕读教育通过结合理论教学和多元化的实践活动,能够有效促进劳动力的灵活流动。首先,耕读教育的实践导向有助于培养学生的实际操作技能和综合素质,使他们不仅能够掌握专业的农业技能,还能培养沟通、合作和解决问题的能力。这些综合素质使学生能够更容易适应不同的工作环境和职责,增强了其在不同农业领域和地区的灵活就业能力。其次,耕读教育常常与地方农业企业和组织紧密合作,提供学生与实际工作场所接触和交流的机会。这些实地经验不仅有助于学生理解和掌握农业的实际运作,还有助于他们建立广泛的人脉和合作网络,为将来在不同地区和领域的就业提供了便利。再次,耕读教育强调个体化和灵活的教学方法,允许学生根据自己的兴趣和职业规划选择适合的课程和项目。这种灵活的学习方式不仅有助于学生发现和发展自己的潜能和兴趣,还有助于他们从事多样化和多领域的工作,从而增强了劳动力的流动性。最后,耕读教育还强调培养学生的创业精神和自主学习能力。通过鼓励学生参与项目策划、组织和管理,耕读教育有助于培养学生的领导和创业能力,使他们在毕业后能够自主选择职业道路,或在不同领域和地区寻找适合的工作机会。

4. 增加劳动力市场的透明度

透明度在劳动力市场中起着关键作用,它能确保劳动力和雇主之间的信息流通,有助于劳动力市场的高效运作。耕读教育通过与地方企业和农业部门的紧密合作,有效地提高了劳动力市场的透明度,为学生、教育机构和雇主之间的信息交流铺平了道路。耕读教育的实践性教学模式通常涉及与当地农业企业和组织的合作。这些合作不仅让学生有机会亲身体验实际工作环境,还能让他们直接了解企业和农业部门的具体需求。通过这种直接的接触,学生能更清晰地认识到劳动力市场的现实需求,了解不同岗位的职责和要求,从而更精确地定位自己的职业方向。通过与企业和农业部门的合作,教育机构能够及时了解到劳动力市场的变化和需求趋势。这种信息反馈有助于学校调整课程和教学方法,确保教育培训内容与劳动力市场需求保持一致。这种及时的调整使教育更具针对性,有助于减少教育与实际需求之间的不匹配现象。耕读教育的合作模式也有助于企业和农业部门更好地了解即将进入劳动力市场的劳动力资源。通过与学校的紧密合作和学生的实地实习,雇主能够更直观地评估学生的能力和潜力,为招聘提供更准确的依据。这样的合作模式为雇主提供了更直接的人才来源,减少了招聘的时间和成本。通过紧密的合作和交流,耕读教育还能增进学生、学校和企业之间的信任和理解。这种信任关系有助于减少信息的不对称和误解,使劳动力市场的运作更加顺畅和高效。

5. 平衡劳动力市场的结构

平衡劳动力市场的结构是许多劳动力市场面临的挑战,而耕读教育通过对地方劳动力市场的结构进行精准分析和灵活调整,有助于减少结构性失业和人才供需不匹配的问题,从而促进劳动力市场的健康发展。耕读教育首先通过与地方农业企业、组织和政府部门紧密合作,了解劳动力市场的具体需求,确保教育与市场需求保持一致。然后,根据地方劳动力市场的结构和需求,灵活调整课程设置和教学方法。例如,如果某地区的农业现代化水平较高,可以加强现代农业技术和管理的培训。耕读教育还强调实际操作和实践经验的积累,通过现场实习、项目合作等方式,使学生在实际工作环境中学习和成长,提高职业技能,培养积极的工作态度和团队协作能力。此外,耕读教育有助于减少结构性失业,这种失业通常发生在劳动力的技能与劳动力市场的需求不匹配的情况下。同时,耕读教育为地方经济提供了所需的人才支持,有助于提高农业和相关产业的竞争力,为地方经济的可持续发展提供人力资源支持。耕读教育的灵活性还使其能迅速响应劳动力市场需求的变化,及时调整培训内容,确保人才供应与劳动力市场的实际需求保持一致。总的来说,耕读教育通过对地方劳动力市场结构的精准分析和灵活响应,不仅有助于提高劳动力的职业素质和适应能力,还有助于推动地方经济的健康和稳定发展。

(四)马克思主义劳动教育理论在耕读教育实践中的应用

马克思主义劳动教育理论是耕读教育实践的重要指导思想。耕读教育实践强调通过实际的农耕活动培养学生的劳动观念和劳动道德,如勤劳、责任、协作等,体现了劳动是人的本质活动的马克思主义观点。同时,耕读教育将学科理论教育与农耕实践相结合,实现了理论与实践的统一。此外,它通过集体农耕劳动,培养学生的团队协作能力,提高其对集体利益和社会责任的认识,体现了劳动是培养人的社会责任感和集体主义精神的重要手段。耕读教育旨在为所有学生提供平等的学习和实践机会,有助于减少社会的阶层差异,促进社会的公平和正义,体现了马克思主义劳动教育理论追求教育的民主化和平等化的精神。

1. 劳动的教育价值的强调

在马克思主义的劳动教育理论中,劳动不仅被视为生产货物和服务的方式,而且被认为是人类自我实现和发展的核心。劳动是连接人与自然的桥梁,是人类理解、改造自然和塑造自身的手段。在这一理论视角下,劳动不仅具有经济价值,更具有深远的教育价值。耕读教育作为一种将农耕劳动与教育相结合的方式,为学生提供了理解劳动价值的平台。耕读教育将学生从书本和课堂引入现实的劳动场景,让他们亲身体验到劳动的艰辛与满足,更加深入地理解劳动的价值和意义。他们会更加尊重每一个劳动者,更加珍视劳动成果。耕读中的农耕劳动需要耐心、细心、坚韧和勤奋,这些品质在耕作的过程中得到锻炼和培养,对学生个人品质的塑造具有深远影响。马克思主义强调劳动的人格塑造作用。耕读教育使学生通过劳动参与生产过程,这不仅培养了他们的实际技能,还增强了他们的社交能力、团队协作能力和创新能力,有助于其全面人格的发展。耕读教育还展示了劳动与学习的有机结合。学生在田间地头的劳动中,将所学理论知识运用到实际操作中,这种学以致用的方式增强了学习的实效性。

2. 理论与实践的统一

理论与实践的统一在耕读教育中表现得尤为突出。耕读教育将学生带入田间地头,让他们在实际的农业环境中学习和实践,从而将理论知识运用到实际操作中。这样做不仅有助于学生更好地理解和掌握农业科学,还能培养他们的实际操作能力、问题解决能力和创新思维。在耕读教育的实践中,学生可以直接观察和体验到自然的律动、农作物的生长过程和农业生产的全过程。这种实地体验与书本上的知识相结合,使学生能够更加深入、直观地理解农业科学。当学生在实际操作中发现理论中的不足或遇到新的挑战时,他们可能会提出新的理论或改进方法。这种从实践中生发出的创新和批判对农业科学和技术的发展具有重要意义。耕读教育强调理论与实践的有机结合,学生在耕读教育中不仅学习农业知识,还培养了对劳动的尊重、对自然的敬畏以及对生命的珍视等价值观。这使得他们不仅掌握了知识,还塑造了人格和道德品质。

耕读教育作为一种理论与实践相结合的教育方式,为学生提供了一个全面、均衡的教育经验,使他们能够更好地适应和服务于社会。这种教育方式与马克思主义劳动教育理论中强调知识和实践的互动和统一的观点相一致,是对马克思主义劳动教育理论的具体实践和验证。

3. 教育的民主化和平等化

教育的民主化和平等化是耕读教育中的一项重要特色,体现了马克思主义劳动教育理论追求的社会公平和正义。耕读教育不仅打破了传统的学科界限,让学生在实际的劳动实践中学习各类知识和技能,而且通过这样的实践教育,为不同背景、不同阶层的学生提供了平等的学习机会。耕读教育的实施有助于消除社会阶层间的差异和偏见,因为在田间地头,所有学生都是劳动者,他们一同耕耘、一同收获,不存在身份和地位的差别。这种实践中的平等使学生意识到人的价值不在于身份和地位,而在于他们的努力和贡献。这不仅有助于树立正确的价值观,还有助于培养社会责任感和集体主义精神。此外,耕读教育通过劳动实践,让学生们在劳动中体验合作和分享的重要性。不同背景和能力的学生在共同劳动中相互学习、相互帮助,实现了真正意义上的教育平等。这种互助和合作的精神,不仅促进了学生个人能力的提升,还有助于增强他们的团结协作意识和社交能力。耕读教育还突破了传统教育的条条框框,让学生有更多的自由选择空间。不同家庭背景、学科兴趣和职业倾向的学生,都可以在耕读教育中找到适合自己的发展方向。这样的灵活和包容,使教育真正成为每个人的权利,而不是某些特权阶层的特权。

耕读教育以其独特的劳动实践方式,推动了教育的民主化和平等化,有力地促进了社会的公平和正义。这一教育模式不仅丰富了学生的学习体验,还有助于营造更加平等、民主、和谐的社会文化氛围。与马克思主义劳动教育理论的精神内核相一致,这一教育方式提供了一种有效的教育改革和社会进步的路径。

4. 劳动与文化的结合

耕读教育中劳动与文化的有机结合是一个独有的教育特色,与马克思主义劳动教育理论中强调的劳动是人类文化发展的基础相契合。这种结合并非仅仅局限于理论教学,而是通过真实的农耕实践,让学生身体力行地体验和感悟。通过农耕实践,学生不仅学习了与农业有关的专业知识和技能,还深入了解了农业与地域文化、民族文化的紧密联系。例如,农耕过程中的各种习俗和传统工艺,往往承载着深厚的文化底蕴和历史传承。学生在参与这些活动时,不仅锻炼了自己的身体,还从中感受到了文化的魅力和精神的力量。耕读教育还通过将文学、艺术、历史等人文科学与农耕实践相结合,让学生在劳动中培养审美情感和人文素养。例如,学生在耕种过程中,可以学习并欣赏与农耕相关的诗歌、歌曲、绘画等,从而更好地理解文化与劳动的内在联系。此外,耕读教育也关注当地社区和社会的文化特色,鼓励学生通过参与农耕活动,更好地融入社区,与社区成员交流和互动。这样的实践经历不仅增进了学生对当地文化的理解,也有助于培养他们的社交能力和公民责任感。耕读教育通过以上方式,实现了劳动与文化的有机结合,为学生提供了一种全新的学习和成长路径。这种教育方式不仅促进了学生的专业成长,更重要的是,有助于培养他们的文化素养和人格修养。与马克思主义劳动教育理论相一致,这种教育模式进一步证明了劳动不仅是物质生产的手段,更是人的全面发展和文化提升的重要途径。

马克思主义劳动教育理论在耕读教育实践中的应用展示了理论与现实结合的卓越价值。通过强调劳动的教育价值、理论与实践的统一、教育的民主化和平等化,以及劳动与文化的结合,耕读教育不仅培养了学生的专业技能,还提升了他们的文化素养和人格修养。这种教育模式深刻体现了马克思主义对人的全面发展的追求,为我们理解和推动现代教育的改革提供了宝贵的借鉴和启示。耕读教育通过实践展现了劳动教育的丰富内涵和广阔前景,使教育不再局限于课堂和书本,而是深入到生活的每一个角落,与生活和社会紧密相连,为培养具有社会责任感的人才开辟了一条新路。

第二节　耕读教育对当下劳动教育缺失的补充

在现代社会中,劳动教育往往被忽视或边缘化,而耕读教育正是对这一问题的有效回应。耕读教育将农耕实践与理论学习相结合,培养了学生的实际操作能力和职业素养,同时也关注人的全面发展。本节将从三个方面分析耕读教育的重要性,揭示耕读教育如何为劳动教育的现代化和可持续发展提供新的思路和方向。

（一）耕读教育对缓解劳动教育缺失问题的作用

耕读教育对缓解劳动教育缺失问题的作用极其重要，从多个方面展现了其深远的影响。首先，在现代社会，尤其是城市环境中，对劳动的重要性和价值的理解被淡化。许多年轻人可能未曾真实体验过劳动的辛劳和收获的喜悦，因此对劳动缺乏尊重和理解。耕读教育作为一种结合农耕与学习的教育模式，将学生引入农田，让他们亲身体验劳动的过程，深刻领悟劳动的基本价值。这不仅帮助学生树立正确的劳动观念，还促使他们感受到劳动带来的满足和自豪。其次，现代教育体系中往往过于强调理论知识的灌输，却忽略了劳动实践和职业技能的培养。耕读教育弥补了这一缺陷，注重培养学生的实际操作能力和职业素养。在农田劳作中，学生学会了一系列基本农事操作，培养了责任感、耐心和坚持等基本品质。这种以劳动为基础的素质培养方式，有助于增强学生的综合素质和适应性，为他们未来在社会上的工作和生活奠定了坚实的基础。再次，耕读教育还具有培养环保意识的作用。现代社会人们日渐远离自然，产生了许多环境问题。耕读教育让学生回归自然，通过对土地的耕耘和守护，使他们深刻理解人与自然的和谐关系。这样的教育方式不仅培养了学生的实际操作技能，还强化了他们的环保意识和可持续发展观念。耕读教育还具有助推社会进步的作用。通过培养一代又一代懂得劳动、敬畏劳动、热爱劳动的年轻人，耕读教育有助于改变社会上一些人轻视劳动、看不起农民工的偏见，促进社会文明和道德的进步。最后，从更广泛的角度来看，耕读教育所倡导的理念和实践，为现代教育提供了一个全新的方向，可以看作是劳动教育和职业教育的重要补充。它强调知识与实践的完美结合，追求人的全面发展，不仅在技能培训方面取得了卓越成效，还在人格培养、价值观塑造等方面展现了深远的教育意义。

耕读教育作为一种富有创造性和实践性的教育模式，有效地缓解了劳动教育缺失问题，填补了传统教育在劳动实践方面的空白。它反映了对劳动的尊重和对人的全面发展的追求，为全面提高国民素质和促进社会和谐发展起到了积极作用；同时，也为现代教育改革提供了有益的借鉴和启示，是一种具有深远影响力和广泛实用价值的教育模式。

（二）耕读教育对指导劳动教育开展方向的重要意义

明确劳动教育目的和价值取向：耕读教育将劳动视为人的全面发展的重要途径，为学生提供了连接理论与实践的桥梁。它赋予学生在农业领域的专业技能，还培育了他们的人格和价值观。在耕读教育的框架下，劳动不再是孤立的手艺或技能的展示，而是人的尊严和价值的体现。劳动变得神圣和有意义，成为塑造人格、传承文化、服务社会的有力工具。这不仅促使学生全面和谐发展，而且有助于建立更公平、更人性化的社会。

拓宽劳动教育内容和形式：耕读教育的多元化结构为劳动教育提供了丰富的内容和形式。通过与农田紧密相连的实际操作，学生可以深入了解农业生产的每个环节，将农业科学理论与现实生活紧密结合。此外，农业劳动也与地方文化、社区参与等多个层面交织在一起，为劳动教育注入了更丰富的内涵。这种有机结合不仅有助于培养复合型人才，还为劳动教育提供了更广阔的发展空间和更多的创新可能性。

促进劳动教育与地方经济社会发展的结合：耕读教育作为一种地方化的教育模式，关注地方社区和农业产业的实际需求，通过鼓励学生亲身参与地方生产和服务，将劳动教育与地方经济社会发展紧密相连。这不仅增强了劳动教育的实用性和针对性，而且有助于地方社区的可持续发展和文化传承。通过地方化的劳动教育实践，学生将更好地承担社会责任，成为未来社区发展的有力支撑。

推动劳动教育的创新和改革：耕读教育通过突破传统教育体系的限制，强调实践性、实用性和人本性，为劳动教育注入了新的活力。在耕读教育中，学生不再是被动的信息接收者，而是积极的知识探索者和实践者。这种以人为本的教育理念鼓励学生主动探索和创造，有助于激发他们的创新精神和批判思维。在全球化和信息化的背景下，这种劳动教育的创新和改革将更好地适应现代社会的发展需求，培育未来的领袖和创造者。

培育劳动教育的可持续发展能力：耕读教育关注人与自然的和谐共处，强调农业生态和社区的可持续发展。学生在实际农田劳作中学习生态平衡、资源循环、社区合作等可持续发展理念和实践技能，这不仅有助于培养他们的环保意识和社会责任感，而且为劳动教育的长远发展奠定了坚实的基础。在全球气候变化和资源紧张的大背景下,这种可持续发展的劳动教育理念和实践将更具前瞻性和战略意义,有助于人类和自然的和谐共存。

耕读教育作为一种富有理论深度和实践广度的教育模式,对指导劳动教育开展方向具有重要的意义。它不仅为劳动教育提供了新的理论支撑和实践经验,还为劳动教育的全面发展和持续创新提供了新的动力和方向。通过耕读教育的推广和实践,劳动教育将更好地服务于人的全面发展和社会的和谐进步,成为推动教育现代化和社会文明进步的重要力量。

(三)耕读教育促进家庭、学校和社会教育形成合力的实践价值

1. 促进家庭教育的参与

耕读教育作为一种理论与实践相结合的教育模式,在促进家庭教育的参与方面具有独特的实践价值。与传统的学校教育模式不同,耕读教育更强调家长与孩子共同参与的过程,将家庭教育与学校教育有机结合。首先,耕读教育的实践本质让家长有机会更直接地参与到孩子的教育实践中来。在农田劳作、家庭园艺等实际操作中,家长不仅是教育的监护人,更是孩子的合作伙伴和指导者。这种直接的参与加深了家长对劳动教育的理解,也让孩子在家长的引导下更好地体验和领悟劳动的价值和意义。其次,耕读教育强调劳动是社会责任和家庭义务,增强了家庭教育的实效。通过参与劳动,孩子可以认识到劳动不仅是个人成长的必要途径,还是家庭义务和社会责任的体现。家长通过与孩子共同的劳动经历,可以传递家庭传统、社会责任和职业道德等核心价值观,使得家庭教育更加具有现实意义和深远影响。再次,耕读教育强调的家庭参与为家长和孩子提供了共同学习和成长的机会。家长不再是孩子教育的旁观者,而是成为孩子的学习同伴和精神导师。这种共同的学习过程增进了家庭成员之间的理解和信任,强化了亲子关系,有助于形成健康和谐的家庭氛围。最后,耕读教育还为家长提供了与学校和社会资源的连接,使得家庭教育不再孤立和片面。家长可以通过与学校教师、社区组织和企业合作,获取更丰富的教育资源和支持。这种整合有助于提高家庭教育的专业水平和效率,使家庭教育成为孩子全面发展的坚实基础。

耕读教育通过促进家庭教育的直接参与,强化了家庭教育的实践导向

和社会责任。它突破了传统家庭教育的局限,使家庭教育与学校教育、社会资源有机结合,形成了一个多元化、开放性的教育体系。这种体系不仅培养了孩子的实际操作能力和社会责任感,还增强了家庭内部的凝聚力和和谐性,为孩子的全面成长提供了丰富的土壤和广阔的空间。

2. 强化学校教育的实践导向

耕读教育强化学校教育的实践导向,构建了学校教育与实际生活之间的紧密联系,从而使学校教育不再局限于纯理论教学,而是转向更注重实际操作和实用技能的培养。首先,耕读教育通过农耕实践、田间作业等真实场景的应用,使学生能够将理论知识与实际操作相结合,增强学习的现实感和操作性。在传统的教育体系中,学生往往仅仅停留在课本知识的学习阶段,缺乏实际操作的机会和能力。耕读教育通过真实的劳动场景,让学生在亲身参与中理解和掌握知识,从而使学习更加生动、直观和有效。其次,耕读教育强调了劳动的价值和意义,使学校教育不再仅关注学科知识和考试成绩,而是更加注重学生的职业素养和人格培养。在耕读教育的引导下,学生不仅能够学会种植、养殖等实用技能,还能培养勤劳、坚韧、合作等良好品质。这种以人为本的教育理念使学校教育更加全面和均衡,有助于培养学生的全面素质和社会适应能力。再次,耕读教育促进了学校与社区、产业、企业等社会资源的连接和整合。通过与地方农业、社区等的合作,学校可以为学生提供更丰富和多样化的实践机会。这种外部合作不仅拓宽了学校教育的视野和资源,还使学生能够更直接地了解和参与社会实践,增强了学校教育的社会服务功能和地方责任。最后,耕读教育还推动了学校教育的创新和改革。通过尝试不同的教学方法和评价机制,如项目学习、团队合作、综合评价等,学校可以更灵活、有效地开展教学活动。这种教育创新不仅丰富了学校教育的内容和形式,还使学校能够更好地适应社会变革和劳动力市场的需求。

耕读教育通过将理论与实践相结合,强化了学校教育的实践导向,使学校教育不再是脱离实际的纯理论教学,而是更加注重实际操作和实用技能的培养。这种转变不仅使学校教育更加贴近社会实际和人们的生活,还促进了学校教育的全面发展和现代化建设,为培养适应社会发展需求的人才提供了有效途径和坚实基础。

3.整合社会资源,形成教育合力

整合社会资源、形成教育合力的观念在耕读教育中得到了深入体现。耕读教育将学校教育与社区、企业等社会资源相结合,形成了一个协同的、有助于劳动教育全面发展的教育生态。耕读教育的实施不仅需要学校的支持和参与,还需要与地方社区、农业企业、政府部门等密切合作。这种合作与整合促进了学校教育与社会实践、产业发展、社区服务等多方面的相互融合。通过与社区的合作,学生可以更直接地了解和参与社区生活,培养社会责任感和服务精神;通过与农业企业的合作,学生可以深入了解农业生产和经营过程,提高实际操作能力和职业素养;通过与政府部门的合作,学校可以更好地理解和响应地方政策导向,为地方经济社会发展做出贡献。这种整合与合作的教育模式有助于打破学校与社会、理论与实践的隔阂,使学校教育成为一个开放、动态和多元化的系统。学生不再被动地接受教育,而是成为教育的主动参与者和实践者,他们可以在真实的社会环境中学习和成长,发现和解决实际问题,培养和锻炼综合能力。老师也不再是单一的教学者,而是成为教育的组织者和引导者,他们可以与多方合作伙伴共同探索和实践教育改革,推动教育的创新和发展。更重要的是,这种教育合力的形成还促进了地方社区的凝聚和发展。学校、社区、企业等不同利益主体可以通过共同的教育目标和实践活动,实现利益的共享和价值的共创,增强社区的凝聚力和活力。这不仅有助于提升劳动教育的实际效果和社会影响,还有助于推动地方文化的传承和创新,促进地方经济社会的可持续发展。

耕读教育通过整合社会资源、形成教育合力的理念和实践,为劳动教育的全面发展提供了新的视角和动力。这种开放、合作、共享的教育模式不仅促进了学校教育的现代化和人本化,还促进了社区的和谐与进步,实现了教育、社会、经济多方面的整合与提升,为当今教育改革与发展提供了有益的启示和借鉴。

耕读教育促进家庭、学校和社会教育形成合力的实践价值,展现了一种全新的教育范式。这一范式突破了教育的传统界限,将学校、家庭和社会紧密联系在一起,构建了一个富有活力和创造力的教育生态系统。通过各方的共同参与和协作,耕读教育赋予了劳动教育更深远的意义,让它不仅是技能的传授,更是价值观的塑造、责任感的培养和人格的涵育。这一创新实践不仅为当下劳动教育的发展提供了新的方向和动力,更为构建和谐、包容和可持续的社会提供了有力的支撑和灵感。

第三节　耕读教育与劳动教育的共生共进

劳动教育在不断发展的过程中,不仅需要传承传统的价值观和技能,还需要与现代社会的需求和发展相适应。耕读教育作为一种富有创新性和实践性的教育模式,与劳动教育有着天然的联系,可以实现共生共进,推动劳动教育的发展。

(一)耕读教育与传统劳动教育的协同融合

在现代社会,传统劳动教育虽然强调了技能的传承和实际操作能力的培养,但在面对不断变化的社会需求和快速发展的科技进步时,传统劳动教育显得有些局限。而耕读教育则为传统劳动教育注入了新的活力和内涵,使其与时俱进。

耕读教育在强调实际操作技能培养的同时,也高度重视理论知识的学习与应用,通过将这两者有机地结合起来,为学生提供了更为全面和深入的劳动教育体验。在传统的劳动教育中,实际操作技能的传承是一个重要的目标。然而,单纯地培养操作技能可能会忽略背后的科学原理和理论知识。耕读教育的创新在于将实际操作与农业科学的学科知识相结合。通过实际农田劳作和田间实践,学生不仅能够掌握具体的操作技能,还能够理解这些技能背后的科学原理。例如,在播种过程中,学生不仅能了解如何正确地播种作物,还能理解种子发芽的生物学原理和土壤养分的化学特性。这种理论与实践的有机结合,使学生在实际操作中能够更加深刻地理解和应用所学知识。这种有机结合不仅满足了传统劳动教育的实际需求,更为学生未来的发展打下了坚实的基础。学生通过理论知识的学习,能够更好地理解操作技能的实际应用场景,从而在实际操作中能够更加准确地掌握要点。而在更广阔的领域中,这种综合的学习方式使学生具备了更强的应用能力和解决问题的能力。无论是在农业领域还是其他行业,学生都能够灵活运用所学知识和技能,为实际工作提供更有价值的帮助。

耕读教育与传统劳动教育的协同融合,不仅充分继承了传统劳动教育的优点,更在内容和方法上进行了创新和拓展。它使学生不仅能够掌握实际操作技能,还能够深刻理解理论知识和培养创新能力,从而更好地适应现代社会的发展需求。这种协同融合的劳动教育方式,有助于培养更加有活力的劳动者。

(二)耕读教育与现代劳动教育的创新交融

在现代社会,劳动者需要具备更广泛的能力,包括创新思维、团队合作和问题解决能力等,以应对日益复杂和多变的工作环境。而耕读教育作为一种结合实践和理论的教育模式,与现代劳动教育的创新需求有着紧密的联系。

在传统的劳动教育中,培养学生的操作技能是其核心目标。然而,在现代社会,仅仅具备操作技能已远远不能满足复杂多变的职业要求。现代劳动教育更强调培养学生的创新能力、批判性思维和综合素养,以应对日益复杂的工作环境和挑战。而耕读教育在这方面展现了独特的作用和价值。耕读教育通过将实际操作与理论学习相结合,为学生提供了一个思考和创新的平台。在农田劳作中,学生不能只是按照既定的模式进行操作,而是需要根据实际情况进行判断、分析和决策。例如,面对气候变化、土壤状况等因素的影响,学生需要灵活应对,调整种植和管理策略。这种实际操作中的思考和创新,培养了学生的问题解决能力和创新精神,使他们能够在面对复杂情况时更加灵活和机智地应对。另外,耕读教育注重学生的团队合作能力的培养,这也是现代劳动教育所强调的要素之一。农田劳作通常需要多人协作,从种植到收获,每个环节都需要团队的紧密合作与协调。学生在这个过程中不仅学会了如何与他人合作,还培养了在团队中发挥自己专长的能力,从而为现代职业环境中的团队合作奠定基础。

耕读教育的创新交融为学生的劳动教育带来了新的维度,不仅注重操作技能的培养,更加强调思维方式和问题解决能力的塑造。在实际操作中,学生不是简单地应用既有的操作技能,而是思考如何在复杂多变的情况下做出创新性的应对。传统的劳动教育注重培养学生的操作熟练度,使他们能够在熟悉的场景下高效地完成任务。然而,在现代社会,随着技术和经济的快速发展,工作环境也在不断变化,面临的问题也变得越来越复杂。这就需要劳动者不仅具备操作技能,更需要具备创新性的思考和解决问题的能力。耕读教育在这方面发挥了积极的作用。耕读教育通过将实际操作与理论学习相结合,为学生创造了一个综合性的学习环境。在农田劳作中,学生需要面对不同的气候、土壤、作物等因素,从而需要根据实际情况进行灵活的判断和决策。这种实际操作中的思考和创新,培养了学生的问题解决能力、创新精神和批判性思维。他们不仅要熟练操作,还需要思考如何在不断变化的情况下做出最佳的决策,这正是现代劳动教育所强调的能力。

耕读教育通过实践和理论的创新交融,使学生不仅掌握了实际操作技能,更培养了他们的创新精神、批判性思维和团队合作能力。这使得耕读教育与现代劳动教育的创新需求相得益彰,为学生的综合素质和未来的职业发展提供了更为有力的支持。

(三)实现耕读教育与劳动教育共生共进的策略与路径

1. 打破学科界限,实现跨学科融合

在现代社会,知识的跨学科融合已成为教育的重要趋势,而耕读教育与劳动教育的有机结合正是一个有力的体现。传统的教育体制通常将知识按照学科进行划分,导致学生在学习过程中难以看到不同学科之间的联系,造成了知识的孤立性。然而,现实生活中的问题往往是复杂而综合的,需要跨学科的知识来解决。耕读教育通过将实际操作与理论学习相结合,为学生提供了一个跨学科融合的平台。在农田劳作中,学生不仅需要掌握农业技术,还需要了解相关的生态学、地理学、经济学等知识,以更好地理解农业生产的全过程。因此,教育体制改革可以促使学校开设跨学科的课程,将不同学科的知识融合在一起,让学生能够在实际操作中更好地理解和应用所学的知识。同时,跨学科的融合也有助于培养学生的综合素质和创新能力。当学生能够将不同学科的知识进行融合,形成新的思维方式和解决问题的方法时,他们就能够更好地适应复杂多变的社会环境。耕读教育的实践活动正是培养学生跨学科思维和创新能力的有效途径,而教育体制改革可以进一步促进这种跨学科的融合,为学生的综合发展提供更多机会。

通过打破学科界限,实现跨学科融合,可以使耕读教育与劳动教育更好地结合起来,为学生提供更全面、更综合的教育体验。教育体制改革可以通过开设跨学科的课程,让学生能够在实际操作中更好地理解和应用所学的知识,培养跨学科思维和创新能力,从而更好地适应未来的社会和工作环境。

2. 推动实践活动纳入正规教育课程

在现代社会,教育模式的变革已成为必然趋势,将实践活动纳入正规教育课程对于耕读教育与劳动教育的有机结合具有重要意义。传统的教育模式常常将实践活动局限在课外或者课堂辅助性的位置,而正规的教育课程更注重理论知识的传授。然而,随着社会的发展和劳动教育理念的变革,将实践活动融入正规教育课程已成为一种创新和发展的方向。耕读教育与劳动教育的有机结合强调学生在实际操作中培养实际操作能力和综合素质,这就需要实践活动能够真正融入正规的教育课程。教育体制改革可以通过设计具有实践性的课程,使实际操作和理论学习紧密结合。例如,学校可以设置专门的耕读课程,将农田劳作等实践活动纳入其中,让学生在课堂内外都能够进行实际操作和体验。此外,将实践活动纳入正规教育课程还可以培养学生的实际问题解决能力和创新能力。在实际操作过程中,学生需要面对各种具体情况,进行判断、决策和解决问题,从而培养了实际操作能力和创新精神。通过将实践活动纳入正规课程,学校可以为学生提供更多的机会,让他们在实际操作中锻炼自己的能力,为未来的职业发展做好准备。

推动实践活动纳入正规教育课程是促进耕读教育与劳动教育有机结合的有效途径。通过设计具有实践性的课程,将实际操作和理论学习融为一体,可以培养学生的实际操作能力、综合素质和创新能力,为他们未来的发展提供有力的支持。

3. 鼓励学校与社会资源的合作

在推动耕读教育与劳动教育有机结合的过程中,鼓励学校与社会资源的合作是一项关键策略,能够为学生提供更多的学习机会,促进实际操作技能的培养,并将理论知识与实践紧密融合。首先,学校与农户的合作是推动耕读教育与劳动教育融合的重要途径。学校可以与当地农户进行合作,将农田劳作纳入正规课程中,让学生有机会亲身参与农耕活动。这种合作不仅使学生接触实际农业操作,还加深了他们对农田劳动的理解。通过实际耕作,学生可以深刻体验农田劳动的辛苦和意义,从而更好地培养劳动价值观和实际操作能力。其次,学校与企业的合作也是促进耕读教育与劳动教育融合的重要途径。现代劳动力市场对综合素质的要求越来越高,学生需要具备实际操作技能、创新思维和团队合作能力。学校可以与不同行业的企业合作,将实际操作纳入课程,并提供实践实习机会。通过与企业的合作,学生可以在真实的工作环境中进行实际操作,了解实际工作需求,培养实际问题解决能力和创新精神。最后,学校与社会资源的合作可以丰富耕读教育与劳动教育的教育内容。通过与专业机构、社会组织等合作,学校可以引入更丰富的实践活动和案例,让学生接触不同领域的实际操作。这种合作能够让学生更广泛地了解不同行业的劳动形式和技能需求,培养他们的多元化素质,更好地适应未来的工作挑战。

教育体制改革鼓励学校与社会资源的合作,能够为耕读教育与劳动教育的有机结合提供有力支持。这种合作可以丰富学生的学习体验,促进实际操作技能和综合素质的培养,使学生更好地适应现代社会的劳动需求和发展。

4. 培养教师的多元能力

传统的教师角色通常是知识传授者和课堂引导者,然而,耕读教育与劳动教育的有机结合要求教师具备更广泛的能力,能够在实际操作中引导学生,促进他们的全面发展。首先,教师需要具备实际操作能力和实践经验。在耕读教育与劳动教育中,教师不仅仅是知识的传授者,更是实际操作的引导者和示范者。教师需要具备一定的实际操作技能,能够在课堂内外为学生提供实际操作的机会和指导。因此,教育体制改革可以通过提供专业培训,使教师掌握实际操作技能,更好地引导学生进行实践活动。其次,教师需要具备创新思维和团队合作能力。耕读教育与劳动教育的有机结合强调培养学生的创新能力和团队合作精神,而教师在此过程中起到了重要的引导作用。教师需要引导学生在实际操作中进行创新思考,培养他们解决问题的能力。同时,教师还需要组织学生进行团队合作,让他们在合作中学习交流,共同完成任务。再次,教师还需要具备跨学科的知识和视野。耕读教育与劳动教育的有机结合需要跨越不同学科的界限,将理论知识与实际操作相结合。教师需要具备跨学科的知识，能够将不同领域的知识融合在教学中，让学生更全面地理解和应用所学的知识。因此，教育体制改革可以通过开设跨学科的教育课程，培养教师的跨学科教学能力。最后，教育体制改革需要为教师提供相应的支持。教师在推动耕读教育与劳动教育的有机结合过程中可能面临一些挑战，需要有相关的培训和指导。政府可以制定相关政策，为教师提供培训和专业发展机会，使他们能够更好地适应新的教育模式和角色。

5. 家庭参与与引导

鼓励家长参与学生的耕读教育可以有效地促使家庭教育与学校教育紧密结合，形成更强大的育人合力，进一步推动学生全面发展。

首先，家庭是学生最早的教育环境，家长在孩子的教育过程中扮演着重要的角色。通过鼓励家长参与学生的耕读教育，可以让家庭成为学生学习、实践和成长的重要场所。家长可以陪伴孩子一同参与农田劳作、实践活动，共同体验劳动的辛苦和快乐。这不仅可以增进家长与孩子之间的情感交流，还可以为孩子树立正确的劳动观念和价值观提供有力引导。其次，家庭教育与学校教育的紧密结合有助于学生更好地将理论知识与实际操作相结合。在家庭中，家长可以与孩子一起探讨学校所学的理论知识如何应用于实际生活中。例如，通过与家长一同参与种植、养殖等实际操作，学生可以更深入地理解农业科学的原理。通过这种知识在家庭中的应用，学生能够更好地将理论与实践相结合，培养出实际操作能力和创新思维。再次，家庭参与可以为学生提供更多的学习机会和经验。家长可以在家庭中创造良好的学习环境，为孩子提供实际操作的机会和资源。他们可以引导孩子进行种植、养殖、手工制作等活动，培养孩子的实际技能和创造力。这样的家庭教育可以丰富学生的学习内容，让他们在实践中不断积累经验，培养多方面的能力。最后，家庭参与可以促进家校合作，形成育人合力。学校与家庭共同关注学生的全面发展，通过家庭参与耕读教育，可以加强学校与家庭之间的沟通和合作。学校可以为家长提供有关耕读教育的指导和培训，使家长更好地引导孩子参与实际操作和体验。同时，学校可以与家庭共同制订学生的学习计划和目标，形成育人合力，共同培养具有实际操作能力和创新精神的学生。

　　耕读教育与劳动教育的共生共进,是适应时代发展需求、推动教育变革的重要策略。通过将实际操作与理论学习相结合,耕读教育为劳动教育注入了新的活力和内涵,使学生在劳动实践中获得综合素质和创新能力的培养。而在劳动教育的框架下,耕读教育为学生提供了更多的实际操作机会,将劳动教育从传统的技能培养拓展为全面素质的培养。耕读教育与劳动教育的共生共进,不仅为学生个人发展提供了更多的机会,也为社会的可持续发展做出了贡献。学生通过耕读教育能够更好地理解劳动的价值和意义,培养对劳动的尊重和理解,为未来的社会建设和发展奠定坚实的基础。同时,耕读教育也为社会培养了更多具备实际操作能力、创新精神和团队合作能力的劳动者,为社会经济的发展提供了强有力的支持。在实践中,耕读教育与劳动教育的共生共进需要教育机构、家庭和社会的共同努力。教育机构可以通过课程设置和教学方法的创新,将实际操作与理论学习相结合,培养学生的实际操作能力和创新精神。家庭可以积极参与学生的耕读教育,为他们提供实际操作的机会和支持,促使家庭教育与学校教育紧密结合。社会可以为学校提供实践机会和资源,推动劳动教育与地方经济社会发展的有机结合。总之,耕读教育与劳动教育的共生共进不仅有助于学生全面发展,也为社会的可持续发展做出了积极贡献。通过实践与理论的有机结合,学生能够培养实际操作能力、创新思维和团队合作能力,更好地适应和融入快速变化的社会环境。在不断推进教育改革的过程中,耕读教育与劳动教育的共生共进将继续发挥重要作用,为培养具有全面素质的劳动者和公民做出持久的努力。

结　语

在千百年的历史长河中,农业与人类社会的发展紧密相连。自古以来,人类就依赖土地获取生活所需,农业则成为文明的基石。在探讨现代农耕教育的道路上,我们不可忽视农业文明的源远流长。

耕读教育继承了农耕文明的核心精神,倡导人与自然和谐相处的理念。在全球化和工业化的浪潮下,古老的农业文明逐渐被边缘化,然而耕读教育重新唤起了人们对于农耕文明的关注。耕读教育作为一种人才培养模式,在现代社会中尤为重要。它将农耕与教育有机结合,构建了一种全新的教育模式。耕读教育将传统与现代相结合,强调实践与理论相结合的教育理念。它既传承了古人的智慧,又秉持了现代的科技精神。然而,耕读教育在实施过程中也面临诸多挑战。如何有效融合农业实践与理论教育,如何确保教育资源的公平分配,如何适应现代社会的变化等问题都需要深入探讨。

展望未来,耕读教育必将成为乡村振兴和现代农业发展的重要推动力。随着科技的不断发展和社会经济的复杂转型,耕读教育的未来呈现出无限可能。耕读教育要适应现代农业的快速发展,就需要培养掌握先进农业技术和理念的新一代农业人才。乡村振兴不仅关乎经济,还涉及文化、教育、社区建设等多方面。耕读教育可以作为乡村振兴的重要驱动力,通过培养地方人才、挖掘地方文化、推动地方产业创新等方式,实现乡村全面振兴。耕读教育也是人类精神追求的体现。在物欲横流的现代社会中,耕读教育强调与自然的和谐共生、人的全面发展和社会责任感,通过对古今中外的耕读经验的研究,可以培育更具人文关怀和社会担当的新一代人才。未来的耕读教育将不再局限于本地或本国范围,而是要与全球的教育和农业发展趋势相结合。从全球视野出发,探索适合不同文化、不同环境的耕读教育模式,实现知识和智慧的跨界流通。未来的耕读教育也需要各方共同参与,如政府、企业、学校、社区等。通过政策引导、资金支持、项目合作等方式,构建多方共赢的合作模式,共同推动耕读教育的发展。

　　总之,本书从古至今、从理论到实践、从挑战到展望,全方位地探讨了耕读教育的各个方面。通过深入研究,我们对耕读教育有了更加深刻的理解。耕读教育的实践不仅是一场教育的变革,更是一次人类价值的追寻。它引导我们重新审视人与自然、人与社会的关系,激发我们对于和谐、可持续的未来的思考与追求。耕读教育不仅是对过去的回望,更是对未来的展望。在这个既渴望创新又怀念传统的时代,让我们共同致力于耕读教育的实践与研究,为人类的可持续发展,为地球的未来,共同播种希望,共同收获智慧。